Nombres fléchés Débutant Vol.1

Nombres fléchés Débutant Vol.1

Edition papier Juin 2020

Nombres fléchés Débutant Vol.1

ÉDITIONS DUCOURT

Table des matières

Comment jouer

L'objectif des nombres fléchés est de remplir les cases vides avec des chiffres entre 1 et 9 de sorte que la somme soit égale au nombre indiqué, et que la somme ne contienne pas deux fois le même chiffre.

Exemple

	16	8	
14 ▷			11
10 ▷	?		
	11 ▷		

Le point d'interrogation est à l'intersection d'un 16 en 2 et d'un 14 en 2. 16 ne peut se décomposer qu'en 7+9. Mais 14 ne peut pas être décomposé en 7+7 car il y aurait une répétition. Le chiffre recherché est donc un 9.

	16	8	
14 ▷	9	5	11
10 ▷	7		
	11 ▷	?	

Ici on essaye de compléter un 8 en 3 cases, il y a déjà un 5. Cette case doit donc être un 1 ou un 3. Mais 1 ne peut pas être la bonne réponse car il faudrait un 10 pour compléter le 11 adjacent. Le chiffre recherché est donc un 2.

	16	8	
14 ▷	9	5	11
10 ▷	7	1	2
	11 ▷	2	9

Il existe de nombreuses autres techniques pour résoudre les nombres fléchés, à vous de les découvrir!

Puzzles

Puzzle 1

Solution en page 133

		38	14			14	13		30	16
	13\17				5			17\11		
18				30\18						
15			8	3			9			11
	13\4			9\6				9\16		
17							24			
12			13				9			

Puzzle 2

Solution en page 133

			29	24					17	5
	15	17\30						8		
26					11	14		4\10		
39							4\10			16
	17\9			30						
16						17				
9						3				

5

Puzzle 3

Solution en page 133

			16	14				33	30
	12 / 34						10 / 4		
	21 / 12			8	3	19			
9		9 / 13				14 / 6			
15			8				15 / 11		
21					20				
6					5				

Puzzle 4

Solution en page 133

		39	18		6	21		13	28	
	17			8 / 15			9			
	25 / 16						15 / 18			11
30				15 / 7			3 / 21			
16			3 / 4		30 / 12					
	10			26						
	5			4			13			

Puzzle 5

Solution en page 133

Puzzle 6

Solution en page 133

Puzzle 7

Solution en page 134

			10 ▽	12 ▽	17 ▽				27 ▽	11 ▽
		12 ▷			11 ▽		8 ▷			
		28 ▷ / 29 ▽				10	16 ▷			
	13 ▷ / 20 ▽			4 ▷ / 12 ▽			7 ▷ / 23 ▽			
14 ▷		4 ▷			19 ▷ / 17 ▽					
12 ▷			27 ▷							
16 ▷			19 ▷							

Puzzle 8

Solution en page 134

		13 ▽	9 ▽			22 ▽	8 ▽			
	12 ▷				14 ▷					
	5 ▷ / 13 ▽		21	12	6 ▷ / 9 ▽			27 ▽	4 ▽	
37 ▷						11 ▷ / 11 ▽				
6 ▷		35 ▷ / 3 ▽								
	7 ▷				9 ▷					
	4 ▷				6 ▷					

Puzzle 9

Solution en page 134

	12	25		3	26		16	11		
6			8 / 6			15			35	14
21					23 / 12					
	14 / 16			14				16 / 6		
17			14	5 / 4			12 / 4			13
16					20					
		11			3			16		

Puzzle 10

Solution en page 134

			13	8			4	11		
		12 / 21				11			30	
	10 / 16				13	10 / 4				16
17			10				20	15		
13			13	14 / 16				16 / 10		
	18					22				
		14				13				

9

Puzzle 11

Solution en page 134

	20	38			19	9		18	35	
16 ▷				15 ▷			16 ▷ 6			
8 ▷				16 ▷ 20						
17 ▷			12 ▷ 6			15 ▷ 7				23
	20 ▷				3 ▷ 17			16 ▷		
	24 ▷							11 ▷		
	8 ▷			9 ▷				12 ▷		

Puzzle 12

Solution en page 134

		29	13				11	24		
	12 ▷ 16					12 ▷ 10			27	
23 ▷				25 ▷ 24						
15 ▷			7	9 ▷			13 ▷			12
	5 ▷			14 ▷ 13				12 ▷ 16		
	26 ▷							23 ▷		
		5 ▷					8 ▷			

Puzzle 13

Solution en page 135

Puzzle 14

Solution en page 135

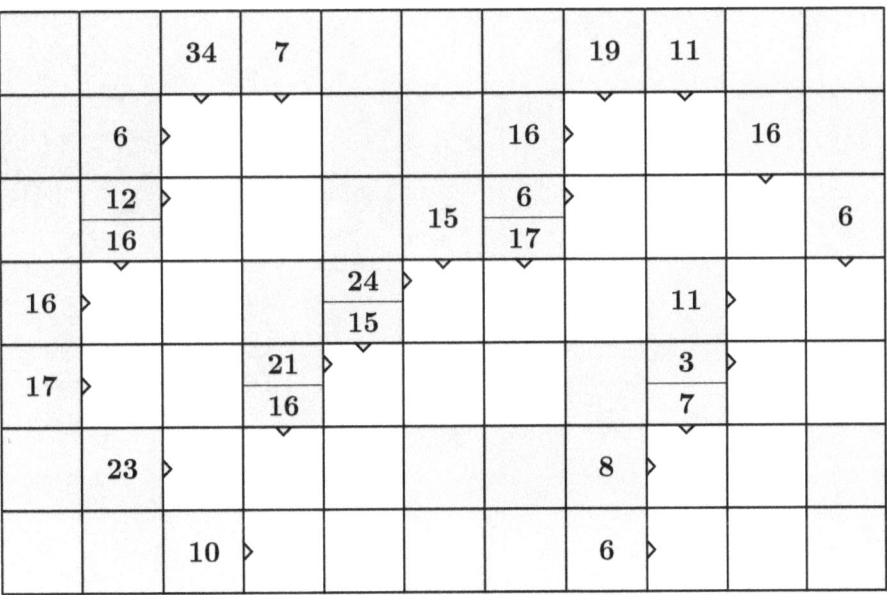

Puzzle 15

Solution en page 135

				14	5			6	10	
			6 / 15			10	3 / 13			13
		44 / 25								
	11 / 14			12	14 / 5			8 / 17		
16			6 / 16			8	12 / 11			
44										
	17				13					

Puzzle 16

Solution en page 135

	16	24					15	15	22	
15			16			12				16
21					6	28 / 11				
	9 / 15			19 / 8				9 / 14		
8			9 / 10				10			14
22							14			
	10							16		

Puzzle 17

Solution en page 135

	8	13				10	29		11	16
6			13		14 / 11			16		
23				21 / 25			8 / 23			
		14 / 11				14 / 7				
	7 / 15				18 / 4				14	16
17			11				22			
7			11					17		

Puzzle 18

Solution en page 135

		39	9					17	38	
	11			5			17			
	13 / 16				10	14	15			14
17			9				10	8		
16			16	20				16 / 10		
	12					14				
	15						15			

Puzzle 19

Solution en page 136

		9	11		13	24		11	8	
	7 ▷			11 ▷ / 12			9 ▷ / 21			16
	45 ▷									
	12	4 ▷ / 23			15 ▷ / 11			13 ▷ / 20		
12 ▷		6 ▷ / 8			13 ▷ / 11				6	
45 ▷										
	16 ▷			16 ▷			4 ▷			

Puzzle 20

Solution en page 136

	6	37		23	15				26	15
10 ▷			13 ▷					8 ▷		
5 ▷			14 ▷ / 4			15		15 ▷ / 6		
	16 ▷						4 ▷ / 7			
	8 ▷ / 12			26 ▷						14
13 ▷					4 ▷			13 ▷		
16 ▷					7 ▷			8 ▷		

Puzzle 21

Solution en page 136

		28	16					15	35	
	13			9			17			
	19 / 13				12	16	13			4
10			17				5	6		
8			16	20				5 / 3		
	17					7				
	9						11			

Puzzle 22

Solution en page 136

	11	21				16	19		31	14
11					17 / 16			9		
3			12	19 / 29				17 / 3		
	28					6 / 13				
	15 / 13				16 / 9					9
8			14					16		
14			16					7		

Puzzle 23

Solution en page 136

	4	23		23	25			37	5
3			16				4		
8			13 / 3		29		12 / 12		
	23					14 / 10			
	9 / 12		30						10
11				14			15		
6				9			6		

Puzzle 24

Solution en page 136

	16	34			6	10		21	4
17			4 / 29			16	6		
12			29 / 15				4 / 15		
	15				17				
	23 / 6			9	9 / 12				7
14			11				6		
5				17			11		

Puzzle 25

Solution en page 137

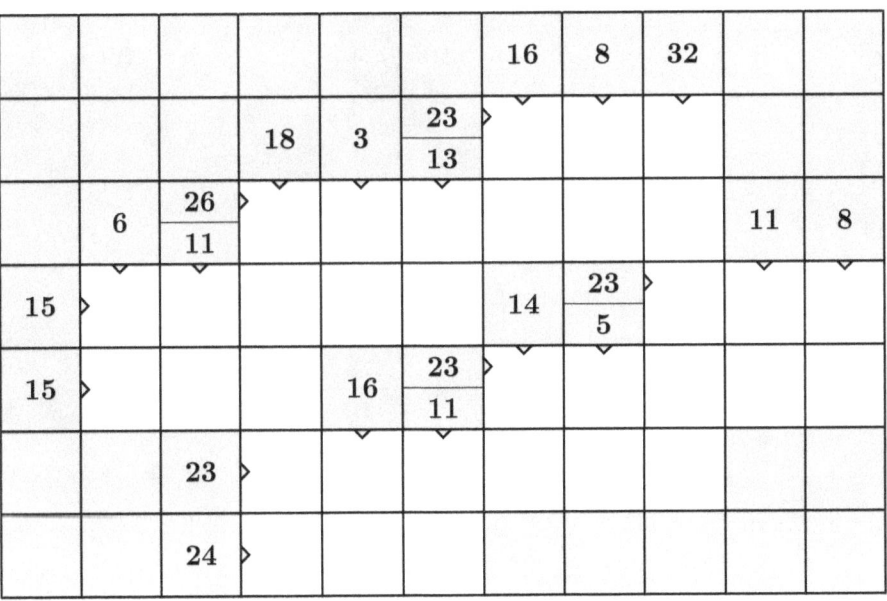

Puzzle 26

Solution en page 137

Puzzle 27

Solution en page 137

	4	35					12	4	
12			7	12		6			16	8
11				11	17 / 6					
	31 / 17					8	4 / 11		
17		11	21 / 16						6
27					13				
	15						10		

Puzzle 28

Solution en page 137

	3	34		10	4			39	10
7			3 / 26			10	11		
5		18 / 14				16 / 17			
	24			19					
	14 / 14		4	16 / 13				16
16		18				11		
11			11			14		

Puzzle 29

Solution en page 137

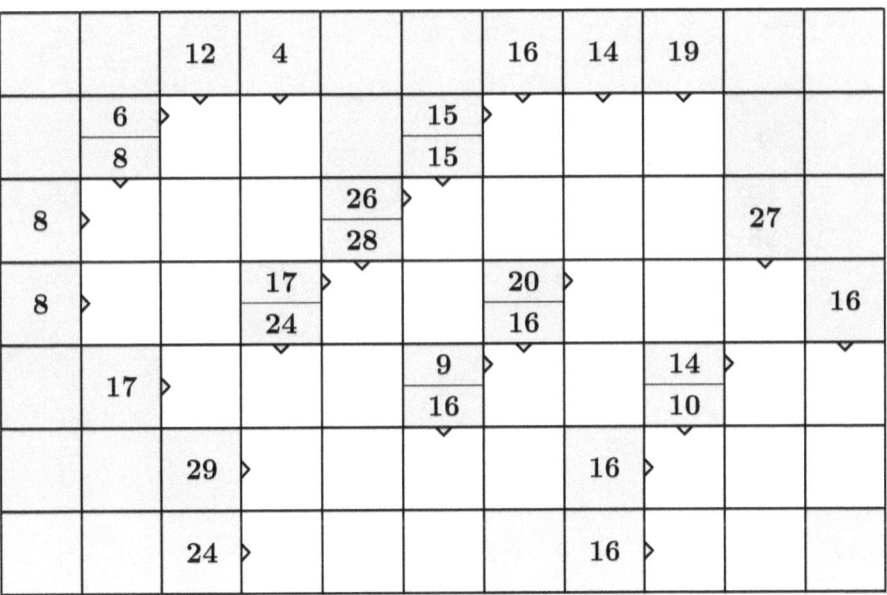

Puzzle 30

Solution en page 137

Puzzle 31

Solution en page 138

		18	6	13			5	6		
	16 ▷				6	4 ▷			29	
	11 ▷					14 ▷				16
	4					18				
4 ▷				9 ▷				12 ▷		
8 ▷			14	4 ▷			12	17 ▷		
				9				17		
	18 ▷			25 ▷						
		10 ▷			21 ▷					

Puzzle 32

Solution en page 138

		29	4			26	9		22	30
	3 ▷			16	16 ▷			9 ▷		
								5		
	18 ▷				17 ▷					
	28				24					
10 ▷			23 ▷				18 ▷			
			12				7			
24 ▷			22 ▷				15 ▷			
			6				7			
22 ▷						7 ▷				
12 ▷			4 ▷				5 ▷			

Puzzle 33

Solution en page 138

	14	21			4	24			34	23
6 ▷			3	11 / 19 ▷	▽			16 ▷		
32 ▷				▽			20	10 ▷		
	7 ▷ / 8			14 ▷ / 23			▽	17 ▷ / 12	
6 ▷			15 ▷		22 / 12 ▷					16
4 ▷			38 ▷							▽
11 ▷			10 ▷					14 ▷		

Puzzle 34

Solution en page 138

	18	38		3	14			16	38	
17 ▷			4 ▷ / 3	▽				14 ▷		
20 ▷			▽			11	15 ▷			10
8 ▷				4 ▷		▽		12 ▷ / 7		▽
11 ▷			4	5 ▷		12 ▷ / 9		▽		
	4 ▷		▽		19 ▷		▽			
	11 ▷				5 ▷			10 ▷		

Puzzle 35

Solution en page 138

	6	32		9	23				39	16
9			16				11	13 / 17		
7			7		30 / 30					
5			10	35 / 7						23
	33 / 3						17	17		
11					14			15		
4					16			11		

Puzzle 36

Solution en page 138

	4	37				13	21		38	24
11			3		3			16		
8				12	10 / 27			12		
	24 / 22							14 / 15		
15			28							4
16			15				18			
8			11					11		

Puzzle 37

Solution en page 139

	15	7			37	30			11	16
15			16	10				11		
11				16 / 6			4	14 / 10		
		29 / 11								
	28 / 12								6	4
14				3			8			
6				14				6		

Puzzle 38

Solution en page 139

		28	10			13	24		36	4
	5				17 / 14			8		
	12			21 / 11				11 / 27		
	15					20 / 7				
	8 / 15				21 / 5					
15			6				16			
11			3				5			

Puzzle 39

Solution en page 139

		37	26			27	14		37	15
	15 / 16			13	13			17		
26					16 / 20			12 / 26		
34							17 / 9			16
	16 / 3			23 / 17						
5			12			28				
11			16				15			

Puzzle 40

Solution en page 139

				24	13		4	26		
			10 / 28			6			4	6
		24				11 / 29				
	4	18 / 12					10 / 19			
7				18 / 3						
17					23					
		11			17					

Puzzle 41

Solution en page 139

	6	10	29	18			9	37		
13 ▷						17 ▷			16	
29 ▷					10	12\13 ▷				
	13\8 ▷						16\10 ▷			
	14 ▷			28\6 ▷					13	14
	11 ▷					27 ▷				
	4 ▷					15 ▷				

Puzzle 42

Solution en page 139

	17	38			30	37			30	14
16 ▷				4 ▷			16	15 ▷		
17 ▷			17	21 ▷				6\11 ▷		
	17 ▷			31\17 ▷						
	33\15 ▷							14 ▷		3
9 ▷			18 ▷						4 ▷	
14 ▷				16 ▷					10 ▷	

Puzzle 43

Solution en page 140

				31	7	15		25	21	
			22 ▷	▽	▽	▽	10 ▷ / 34	▽	▽	14
		37 ▷ / 16					▽			▽
	4 /	12 ▷ / 22	▽			28 ▷				
11 ▷	▽	▽			8 /	16 ▷ / 9				
31 ▷					▽	▽				
	16 ▷			23 ▷						

Puzzle 44

Solution en page 140

	6	35			15	6		25	39	
12 ▷	▽	▽		7 ▷ / 14	▽	▽	16 ▷ / 30	▽	▽	
10 ▷			29 ▷ / 11	▽			▽			
20 ▷			▽			23 ▷				10
	9 ▷				8 /	20 ▷ / 17				▽
	27 ▷				▽	▽		10 ▷		
	4 ▷			13 ▷				16 ▷		

Puzzle 45

Solution en page 140

	11	26				15	9	6	33	
3 ▷	▽	▽	6	7	28 ▷ 11	▽	▽	▽	▽	
45 ▷		▽	▽	▽						25
17 ▷					15	11	17 ▷ 13		▽
5 ▷			11	9	35 ▷ 16	▽	▽	▽		
	45 ▷	▽	▽	▽						
	14 ▷							15 ▷		

Puzzle 46

Solution en page 140

				16	24			29	11	
			11 ▷	▽	▽		11 ▷ 12	▽	▽	
	15	22	17 ▷ 28			22 ▷ 22	▽			4
23 ▷	▽	▽	▽	26 ▷ 17						▽
39 ▷				▽		8 ▷ 3				
	22 ▷				4 ▷	▽				
	14 ▷				6 ▷					

Puzzle 47

Solution en page 140

		9	36		4	14		31	11	
	16			10 / 22			4 / 15			
	36									
		17				8				
		13 / 4			15	4 / 12			17	
	44									
	6			16			16			

Puzzle 48

Solution en page 140

		37	15						27	13
	15 / 9				18	27		17 / 17		
12				10 / 16			15 / 11			
16			33 / 13							14
	39 / 6							6 / 5		
22				16			20			
4							3			

Puzzle 49

Solution en page 141

Puzzle 50

Solution en page 141

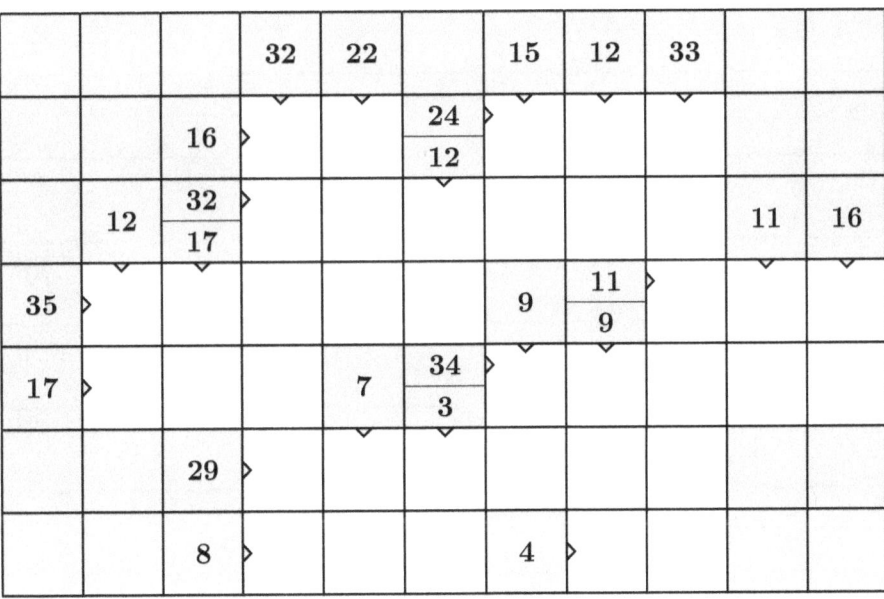

Puzzle 51

Solution en page 141

				30	14			12	13	
	16	4	17				17			
8			10 / 16				5 / 10			
27					5 / 20				38	14
	12	7 / 36		15 / 13				17 / 12		
35							15			
4			10	14			7 / 12			
	15			3	8		4 / 12			
	7 / 14				25	23				
5			11 / 12			6	6			4
21				10			33	11 / 7		
13				24 / 12						
3			12 / 16				9		4	13
		9 / 4				15 / 4				
	11			6				11		
	7			7						

Puzzle 52

Solution en page 141

Puzzle 53

Solution en page 142

	16	29				11	3		45	7
17 ▷					9 ▷			6 / 9 ▷		
11 ▷			16	8	16 / 6 ▷					
	12 / 15 ▷					12	16 ▷			17
37 ▷						16	12 ▷			
11 ▷				6	16 ▷			16 / 10 ▷		
	16	11 / 45 ▷			4	20 ▷				
13 ▷			3 ▷			14	3 ▷			16
8 ▷			10	8 ▷			5	17 ▷		
	12 ▷			15	11 ▷			10 / 12 ▷		
	23 / 8 ▷				14	4 ▷			27	17
11 ▷			13 ▷			11	22 / 8 ▷			
10 ▷			16	36 ▷						
	14 / 15 ▷			8	11 / 16 ▷					16
31 ▷								15 ▷		
10 ▷			10 ▷					14 ▷		

Puzzle 54

Solution en page 142

		30	4		20	10		8	44	
	8			10			7			
	11 / 16			12 / 8			9 / 17			12
14			4		29 / 12					
8		28 / 13					6 / 15			
	5			4		12 / 24				
	10			27	22 / 4					12
	15	16 / 44		3 / 13			8			
12			27				16 / 22			
16		11 / 3			13			34		
	10			14	27	9				
	4 / 17		17 / 11			17 / 16			7	
16		26 / 22					12			
19				12 / 7		7 / 14				
	17			4			17			
	14			12			8			

Puzzle 55

Solution en page 142

		38	3	5				15	44	
	11 / 7				11		17			
15						17	12			16
15			29	16			25	9		
	16 / 17			24	15 / 13			13 / 10		
34						13				
32						24 / 4				7
	16	17 / 40		8 / 15				12		
16			8 / 23				15	5 / 11		
9			13 / 5			4 / 13			32	9
	7				20					
	15 / 6				35 / 15					
14			13			16	4			16
4			6	17			13	15 / 15		
	12				30					
	8					23				

Puzzle 56

Solution en page 142

	15	6				5	20			
12					8			6	22	
8			17	11	11\5					3
	11					7\9				
		20\20						4		
	17\10			11\15			10\16			
5			10\24			8\22				
17			17\7			9				
		8			17\16				11	4
		10\32		16\24			7			
	11\11			17\33			3\20			
16			17			13	13\8			
7			30\15						9	
	20			20\14						15
	25							12		
			17					7		

Puzzle 57

Solution en page 143

		17	11		24	20			39	12
	16 ▷			16/13 ▷					15 ▷	
	32 ▷							7	6/4 ▷	
	23	25	27 ▷							
17 ▷				32	5	17 ▷				16
16 ▷			13 ▷			12		13 ▷		
9 ▷			6/7 ▷				34	17/21 ▷		
	15 ▷				28 ▷					
		11/36 ▷			11	13 ▷			15	
	12/6 ▷					15/14 ▷				20
13 ▷				23 ▷					9 ▷	
8 ▷			15	8	15 ▷				6 ▷	
	23 ▷				22	24	12	16 ▷		
	36/3 ▷							17	16	
4 ▷				34 ▷						
7 ▷				17 ▷			16 ▷			

Puzzle 58

Solution en page 143

	16	45							34	16
17				5	12			17 \ 17		
12			7 \ 12			21	19			
	18 \ 9						16 \ 29			7
21				11 \ 15			15 \ 4			
5			16	24						
	13			24					45	17
	9 \ 14			9 \ 28			14			
13			7 \ 29				16 \ 4			
17			12 \ 15			16	11			
	16	25 \ 21					10			10
37								4 \ 13		
14			15 \ 15			4	19 \ 13			
	8 \ 17			23						15
20					11			14		
16								7		

Puzzle 59

Solution en page 143

	17	39		24	14			8	43	
14			17				8			
16			12 / 17			10	14 / 10			7
	22				7			3		
	17 / 5				6			8 / 9		
6			24		17 / 3					6
19				4 / 12			7			
		18 / 39					7	11 / 8		
	17 / 17					12 / 13				
11			5		18 / 17				32	17
20				5 / 7			16			
	11 / 15							16 / 15		
12			11				13 / 17			
7			8 / 11			17 / 3				15
	12				10			10		
	14				4			16		

Puzzle 60

Solution en page 143

	5	43			13	11		24	34	
12				17 / 13			14			
5			12 / 16				11 / 11			
	23					22 / 7				13
	16 / 8			13	4 / 15			8		
3			22					17 / 26		
13			12 / 21			10	16 / 15			
	13			4	23 / 14				44	
	36									
	14 / 33					17	6 / 13			15
	15 / 17			14 / 17				13		
16				24 / 14				17 / 11		
14			15 / 24				5 / 17			
	21				11	21 / 16				17
	10			20				16		
	13			16				13		

Puzzle 61

Solution en page 144

		30	23		6	10		36	17
	13			4 / 16			15	11	
	32							15 / 15	
	23 / 24				14	20			
15		5				21	7		18
16			16 / 9				16	8	
11		22 / 8						14	
	10 / 44				17		16 / 13		
	4 / 24		12	22		7 / 13			
16		10			12 / 16			38	12
9		30					16		
14		4	17			19	6		
	6		6	5			5 / 13		
	12 / 5			4	24 / 14				
6		31							
12			7			13			

Puzzle 62

Solution en page 144

	4	43			8	14			28	15
10				13\5			6	14		
6			12\7					12\5		
	13				8	7\16				3
	12			25						
	3\22			16				3\17		
12				9	8		12\21			
14			4			14\13			43	10
9			29\6					5		
		3\33			11			10		
	10\17				15	16		14\11		
15			7	16\15				7		
39							4\7			
	12\12				9	23\13				11
9			11					14		
15				15				4		

Puzzle 63

Solution en page 144

Solution en page 144

		24	11		6	11		37	17
	4 ▷			4 ▷			4	17 ▷		
	11 / 6 ▷			8 ▷				14 / 22 ▷		
3 ▷				14 / 6 ▷						
11 ▷				8 / 19 ▷			8 ▷			
6 ▷			6 / 8 ▷			18	16 / 10 ▷			23
	30 ▷							8 ▷		
	15	12 / 36 ▷		10 / 23 ▷				14 ▷		
4 ▷				14 / 7 ▷			17	12 / 3 ▷		
11 ▷			15 ▷			7 / 22 ▷			31	
12 ▷			25 / 24 ▷							24
	15 ▷			12 / 26 ▷				14 ▷		
	16 ▷			16 / 16 ▷				9 ▷		
	26 / 12 ▷					16		17 / 16 ▷		
11 ▷			22 ▷				17 ▷			
4 ▷				17 ▷			10 ▷			

Puzzle 64

Solution en page 144

Puzzle 65

Solution en page 145

		6	29				15	8	
	4					9			36
	13			15	17	23			16
		24				20	9	16	
		35 / 23						12 / 14	
	14 / 15				14 / 17				4
16				17 / 11			17		
14			16 / 19				6 / 11		
	12	6 / 38				4 / 13		20	17
9					14 / 24			16	
22				15 / 17				13 / 31	
	29 / 17					14	17 / 17		
17			33						
15			14	11	24				7
	18						14		
		16					5		

Puzzle 66

Solution en page 145

Puzzle 67

Solution en page 145

		31	17			4	9		45	6
	16				5			4 / 22		
	13 / 5			3	26 / 17					
5			4				16			
13			8 / 11			20	13			15
	10			15 / 13			10	10 / 16		
	16	6 / 45			34					
30					17 / 18					4
10			4	10 / 11			10	4 / 21		
	10 / 4					17				
17						16 / 21			18	
11			21	15			11 / 17			11
	15				17			11		
	17 / 11			9	15 / 6			4 / 12		
23							15			
9			4				7			

Puzzle 68

Solution en page 145

Puzzle 69

Solution en page 146

Puzzle 70

Solution en page 146

Puzzle 71

Solution en page 146

		13	13				11	17	13	
	16 ▷				14 ▷					
	7 ▷		8	21 ▷					4
	4	4 ─ 9 ▷		7			7 ─ 14 ▷		
15 ▷					24	8 ─ 16 ▷			
6 ▷		8	26 ─ 14 ▷					10	5
		6 ▷		17 ─ 15 ▷			3 ▷		
	21 ─ 8 ▷						8 ─ 23 ▷		
	7 ─ 12 ▷		5 ▷			12 ─ 8 ▷			
14 ▷			13 ─ 4 ▷						
4 ▷		6 ─ 8 ▷		16 ─ 8 ▷				8	10
	4	12 ─ 26 ▷			7	13 ─ 24 ▷			
11 ▷				21 ▷					
12 ▷		12	8	4 ▷				15	
	23 ▷				12 ▷				
	10 ▷				16 ▷				

Puzzle 72

Solution en page 146

	5	45		15	19			3	25	
3			14				5/9			
9		13/29			7/6					6
	14/14			9				14		
24			9/10				4/20			
23						17/16				
	11/3			22	14/9			45		
3			32							14
10		11	9/6				10			
	33					15	15/22			
	3/33			15					12	
	5/4			15	29/28					
6			14/13			7				
10		20/12			17/16				5	
	21			12			4			
	17			17			8			

Puzzle 73

Solution en page 147

			11	8	13				31	11
		9 / 37						5 / 10		
	30 / 6					16	12 / 13			
4					32					
9				17	17 / 9			6 / 6		
11			16 / 14			16	14 / 15			
	31								44	5
	3 / 14			18	14			12 / 24		
29					3	26				
6			5 / 4			6	12 / 13			
		31 / 19								12
	4 / 19			14	14 / 15			14		
4			16 / 12					5		
30						16	13	4 / 7		
23					17					
3					23					

Puzzle 74

Solution en page 147

Puzzle 75

Solution en page 147

	4	20			25	16		9	45	
3				14			6			
4			28	15 / 7			14			
	29 / 16					16	8			12
32							11	8		
20				12	12			13 / 8		
	9	14 / 45			12	24				
11			12			17	3			5
3			10	12			15	8		
	12			11	16			3 / 18		
	22 / 16				16	15			32	17
14			9			30	22 / 15			
13			18	36						
	9				27 / 4					9
	6			8				7		
	17			11				16		

Puzzle 76

Solution en page 147

	15	29				12	10	15		
8 ▷	▽	▽			6 ▷	▽	▽	▽		
					11 ▽					
14 ▷			24 ▷						8	6
			20 ▽						▽	▽
3 ▷			16 ▷				7 ▷			
10 ▷			4 ▷			4	14 ▷			
			12 ▽				20 ▽			
	24 ▷				12 ▷	▽				
					5 ▽					
	5 ▷		8 ▷					11	9	14
			25 ▽					▽	▽	▽
	8	5	13 ▷			29 ▷				
			3 ▽							
11 ▷	▽	▽	▽			11 ▷				
						4 ▽				
10 ▷					3 ▷	▽		6	39	
					16 ▽					
			20 ▷				14 ▷	▽	▽	
			29 ▽				11 ▽			
	11	18 ▷	▽			10 ▷				29
		10 ▽				11 ▽				▽
7 ▷	▽	▽			4 ▷			12 ▷		
24 ▷				13	7 ▷			11 ▷		
				▽	16 ▽					
		25 ▷						17 ▷		
		22 ▷						14 ▷		

Puzzle 77

Solution en page 148

			11	4					22	23
		4						14 / 28		
		10 / 37			19	16	23			
	4 / 7			12			24 / 27			
5				25 / 14						
11			16 / 8			17 / 16			44	5
	13				17			12		
	9		34	9				4 / 12		
	20 / 13				13	16				
5			16				3 / 13			
11			14 / 11			14 / 21				7
		6			17 / 4			13		
	11	16 / 16						5 / 22		
9				11			17 / 14			
19						15				
3						13				

Puzzle 78

Solution en page 148

Puzzle 79

Solution en page 148

Puzzle 80

Solution en page 148

Puzzle 81

Solution en page 149

	12	15			9	13			29	13
17			9	17/22				8		
23								16/9		
	10	16/8			17	14	13/35			16
9			41							
4			3	23				15/9		
	7			35	4	5			16	6
	8	11/16				28/8				
14			24/17					9/14		
27					11				19	
	5	14/22			12	8	16			4
3			13/16				24	11		
41								5/16		
	13/3				12	16/13			4	11
3				36						
8				16				3		

Puzzle 82

Solution en page 149

Puzzle 83

Solution en page 149

	24	28		16	3				44	4
15			8					12 / 9		
16			4 / 11				7			
22						15	10 / 11			15
	16			9	17			17		
		3			3 / 3			13 / 28		
			25 / 30							17
	9	14 / 38					22			
12						3	16 / 10			
22				23	8 / 24					
	29 / 4							20		
11			15			8			13	
5			17 / 3				16 / 6			22
	6 / 4					15 / 14				
14					11			10		
3					6			12		

Puzzle 84

Solution en page 149

Puzzle 85

Solution en page 150

		4	16					23	8
	6 ▷			4			12 ▷		
	6	13 / 45 ▷			24	5	11 / 6 ▷		
6 ▷		24 / 8 ▷							
9 ▷			6 / 16 ▷					45	
	16 / 13 ▷		9 ▷			9 / 16 ▷			4
16 ▷		12	20 ▷				8 ▷		
19 ▷			17 / 28 ▷				3 / 16 ▷		
	7 / 16 ▷		5 / 15 ▷			17 ▷			15
15 ▷		12 ▷			5	18 ▷			
8 ▷		21 / 10 ▷					8 / 8 ▷		
	6 ▷		3 / 15 ▷			5 ▷			3
		11 / 11 ▷			4	18 / 10 ▷			
	26 / 17 ▷						8 / 15 ▷		
16 ▷				17 ▷					
11 ▷					7 ▷				

Puzzle 86

Solution en page 150

		26	5	10				7	27	
	21 15				9		5			
19						14	12 18			7
14			9	22						
	12			16	16 17			13 3		
	28	20 31				4			16	
9			17			10 3				25
17				3 14				4		
14				9 35				15		
10			13 11			3	13	8		
	18				6			11 15		
	11	15 28			19 17				12	
14			15 23			5	7			8
34							8	3 16		
	17				28					
	16					15				

Puzzle 87

Solution en page 150

				15	34			8	44	
		24	7/10				13			
	27/17				4	5				17
21				4			15	16		
16				18/7				17/16		
			3			18/9				
			12/14				11			16
	15	27/44						17/14		
23				11	33	20/10				
9		14	27							
	9		12/8							
	19/14			5/4				7	5	
12		9					4/4			
17		4	10			9/11				
	8			13						
	5			5						

Puzzle 88

Solution en page 150

Puzzle 89

Solution en page 151

		13	30				10	23		
	16		7	4	14					
	13				13 / 21			23		
		23 / 30				11 / 16			6	
	16 / 16			14			5			
17				8 / 12			6			
16		23	6			6	4 / 12			
	15		26 / 16							
		13 / 23		32	8 / 7			27		
	30 / 11					10				14
5			11 / 3				13			
6		5					16 / 29			
16		11 / 20			17	17 / 9				
	10		26 / 15					9		
		12		19						
		17				16				

Puzzle 90

Solution en page 151

Puzzle 91

Solution en page 151

		38	16				4	12	28	6
	13					19 / 10				
	14 / 16			16 / 17						
15				16 / 9			3			
11			14 / 3				5			16
	9 / 5					16	13	9 / 15		
6					33					
12			21		23				38	
	8			17	10		9			13
	4	23 / 38						5 / 12		
29							21 / 6			
6			22		22 / 12					3
	15				4 / 10			6		
	7 / 14			11 / 17				5 / 11		
35							13			
29							6			

Puzzle 92

Solution en page 151

Puzzle 93

Solution en page 152

			39	13				6	45
		17					4		
	7	6 / 5					11		14
7				16	12	8			
15			15 / 4			10	16 / 12		
		34							
		12 / 45			16 / 12				16
	4 / 17			8 / 17			17		
16			15 / 15				10 / 35		
14		16 / 14				7 / 17			
	17			8	9 / 14				
	42 / 4							14	15
6		12	13			24			
19						19 / 7			
	7				4				
	3				14				

Puzzle 94

Solution en page 152

Puzzle 95

Solution en page 152

		44	7			7	14			
	4 ▷			15 / 10 ▷					35	6
	11 / 7 ▷		9 / 7 ▷				10 ▷			
15 ▷		10 / 7 ▷				15	9 / 33 ▷			
13 ▷				15 / 12 ▷						
	13 / 15 ▷		30 / 8 ▷							
8 ▷		5 / 20 ▷			16 / 24 ▷					
16 ▷		16 / 34 ▷		15 ▷			44			
	13 ▷		20 / 15 ▷					16		
	15 / 34 ▷		17 / 14 ▷			12 ▷				
	14 ▷	13 / 8 ▷				15 / 12 ▷				
	30 / 10 ▷			16 / 12 ▷				15		
17 ▷			17 / 16 ▷							
5 ▷		15	16 / 16 ▷			17 / 7 ▷				
15 ▷		22 ▷			6 ▷					
		16 ▷			13 ▷					

Puzzle 96

Solution en page 152

Puzzle 97

Solution en page 153

	4	9			18	14		22	15	
8			5	16			17 / 16			
7				31 / 17						
9		6 / 45				12 / 7			45	17
17			15 / 4					9		
25							13	14 / 16		
	5 / 13					24 / 5				
7					22 / 14					10
16			17	10 / 9				11		
	26							6 / 11		
	16 / 5				8	29	14 / 16			12
3				39						
8			19	18 / 16				6 / 17		
		17 / 17			17 / 17				9	17
	33						22			
	16			12				12		

Puzzle 98

Solution en page 153

Puzzle 99

Solution en page 153

Puzzle 100

Solution en page 153

Puzzle 101

Solution en page 154

			14	16				3	15
		16			15	8 / 12			
	28	21 / 44			8 / 16				6
10			19				7		
15			9	14 / 6			3 / 8		
16		3 / 8			4 / 10			37	11
33					20 / 11				
	9		10	5		4 / 22			
	13 / 3			12	22				
10		5 / 10			11	16 / 5			21
7			32 / 27						
	12	16 / 26		3 / 15			15		
10		12			10		12		
17		24 / 17				6	4 / 5		
	21			10					
	13			4					

Puzzle 102

Solution en page 154

Puzzle 103

Solution en page 154

		35	14				17	11		
	17 ▷				14 / 16 ▷	▽			16 ▽	14 ▽
	12 / 4 ▷			32 / 16 ▷	▽					
6 ▷				15 ▷			13 / 13 ▷	▽		
12 ▷		22	9 ▷			12 / 13 ▷	▽			
	13 ▷	▽	10	13	6 / 7 ▷	▽		28		
	42 / 15 ▷	▽	▽	▽	▽			▽		14
	34 / 9 ▷	▽					13 ▷			▽
8 ▷				8	14	10	16 / 19 ▷			
4 ▷		14	32 / 13 ▷	▽	▽	▽	▽			
	42 ▷	▽	▽						35	
	7 / 8 ▷		22	11	11 ▷			▽		16
	4 / 17 ▷	▽	8 ▷	▽	▽		13 ▷		▽	
12 ▷		11	16 / 10 ▷	▽			16 / 15 ▷			
33 ▷		▽	▽			17 ▷	▽			
	9 ▷				12 ▷					

Puzzle 104

Solution en page 154

Puzzle 105

Solution en page 155

	23	25		7	20		27	3		
16 ▷			6 ▷			11 ▷				
17 ▷			15 ▷		5 / 11 ▷				44	7
11 ▷			19	17 ▷				15 / 8 ▷		
	10 ▷			4	22 ▷					
		12 / 44 ▷			10	3	5 / 7 ▷			
	36 / 23 ▷									8
14 ▷				6 ▷				5 ▷		
10 ▷				14	12	15		6 ▷		
16 ▷		23 / 12 ▷					12	12 / 22 ▷		
	42 ▷									
	8 / 6 ▷			14	11	15 ▷			30	
21 ▷						16	13 ▷			6
10 ▷			16 / 9 ▷				16	9 ▷		
		3 ▷			10 ▷			7 ▷		
		15 ▷			17 ▷			12 ▷		

Puzzle 106

Solution en page 155

Puzzle 107

Solution en page 155

	7	20				3	15			
15			9		9			14		
8				5	17				28	
7 / 6					18	6	8			17
9			15				8	12		
5				10 / 17				9 / 11		
		40	16 / 29			12				
	24						8			
	9					11 / 8				
	13			15		7 / 19				
	20 / 14				14 / 13				32	16
17			21				7	13		
8			4	12				17 / 4		
	12			17	13	10				9
		17					9			
			14					16		

Puzzle 108

Solution en page 155

Puzzle 109

Solution en page 156

	11	38			9	16		24	44	
12 ▷				14/9 ▷			10 ▷			
16 ▷			14/17 ▷				13/9 ▷			
	18/10 ▷					18/6 ▷				7
19 ▷				4/11 ▷			6/6 ▷		
10 ▷			5	11/24 ▷			16 ▷		
	23 ▷					9	12/22 ▷			4
	13	7/41 ▷			17/8 ▷			10 ▷	
5 ▷			10 ▷					6/17	
16 ▷			12/9 ▷			16/15			39
	9/13 ▷				27/10 ▷					10
23 ▷				8/16 ▷				12/14 ▷	
8 ▷			17/21 ▷				24/14 ▷		
	20 ▷				11	17/17 ▷				4
	6 ▷			22 ▷				10 ▷	
	17 ▷			12 ▷				6 ▷	

Puzzle 110

Solution en page 156

Puzzle 111

Solution en page 156

				12	13			24	23
			17 / 17					16	
		12 / 20			12		17		
	16 / 10			12		13	9 / 20		
15				7	19 / 32				
8		15 / 15			15			23	
	15 / 30				29	14			14
	16 / 6			13				16	
11				14			7 / 16		
10			24	6		17 / 8			
	15			14	19			18	17
		13 / 28		9 / 13			16		
	28 / 19				23		13 / 5		
16				17		9 / 11			
15				12					
8				16					

Puzzle 112

Solution en page 156

Puzzle 113

Solution en page 157

		16	15			15	4		
	10/7				11			45	
22				16	11/30				18
4			9	15/4		4	15		
	28						8		
	6	3/45		10			16/14		
3			17/17			3			
9		16/17			13	8/5			
	44								15
	10		4/26			9			
	17/6		17/6		3	17/10			
11		4		8/5			10		
5		21						5	
6		17	12/11			3/10			
	13				7				
	16				12				

Puzzle 114

Solution en page 157

Puzzle 115

Solution en page 157

Puzzle 116

Solution en page 157

Puzzle 117

Solution en page 158

	14	31			8	4			43	15
10			7 / 9				10	16 / 17		
17		39 / 4								
	14					12				16
	5 / 17				11	16		11 / 14		
11			6 / 5				20 / 14			
14		37 / 12								5
	6	4 / 44			17			5 / 10		
22				11	23		15 / 9			
10		17 / 17				9 / 5			38	16
	34 / 13							12		
24				7				15 / 14		
7			9	8			11 / 13			
	6 / 15				15	24 / 6				9
41								7		
14				10				16		

Puzzle 118

Solution en page 158

Puzzle 119

Solution en page 158

	14	24				13	33			
6			16	14	10				10	4
30					17			3 / 10		
	20 / 5					26 / 15				
3					11 / 11					
11			23	24 / 10					6	10
	15					12	29	6		
		11 / 7			16 / 4			7 / 20		
	39 / 7					16 / 6			22	
3			5							
9			10	34	14 / 6					16
		19						14		
	11	12 / 5					6	9 / 8		
25					4	10				3
4			9			13				
			5					6		

Puzzle 120

Solution en page 158

Puzzle 121

Solution en page 159

			15	23					34	14
		13 / 44			8			16		
	23 / 7						11	9 / 17		
9			15		23 / 10					16
12			4	6	35 / 12					
	20						3	16 / 8		
	11 / 4				6 / 8				36	
4				10 / 13						11
12			4	16 / 3				4		
	15				15	16	14 / 9			
	12	3 / 17		30 / 16						
16			4	30 / 10						15
25					9	21	16			
	6 / 6			16			8 / 4			
4				11						
7					10					

Puzzle 122

Solution en page 159

Puzzle 123

Solution en page 159

	23	22					10	15		
17					14 / 16				10	7
8				29 / 13						
16			16	11 / 11				5 / 15		
	22						8 / 17			
		3				16			24	3
		6 / 28			20	18 / 11				
	27							4 / 19		
	5 / 11			6			14 / 17			
12			16	31 / 16						
25						4				
		17 / 13			5 / 12				20	
	14 / 3			23 / 12						23
4			16	17 / 9				8		
18								11		
		13						17		

Puzzle 124

Solution en page 159

		13	11		17	24			14	7
	4 ▷			16 ▷			16	12 / 31 ▷		
	11 / 14 ▷			39 ▷						
15 ▷			32	9	22 ▷				31	9
15 ▷					4		8 ▷			
		15 / 42 ▷				6	24 / 4 ▷			
	12 ▷			18 ▷						11
	14 / 5 ▷				3 ▷			3 / 23 ▷		
16 ▷				3	4		23 ▷			
6 ▷		3 / 22 ▷				7	4 ▷			
	15 / 11 ▷						9 / 16 ▷			
15 ▷					22 ▷				26	15
23 ▷				13	24	29 ▷				
	17	14 / 11 ▷				13		13 / 17 ▷		
38 ▷							16 ▷			
17 ▷			16 ▷				12 ▷			

Puzzle 125

Solution en page 160

		31	16		12	6			41	23
	10/16			4				14		
20				7/9				8		
17		4/13						17/6		
	27						14/14			
	7/12					7/13				17
15			15		13			16		
11				14	5/6			13/17		
	16	33/41							42	5
15			6				20			
14			3/4				20	9/12		
	10					21/18				
	5/22				20					17
15					4/12			13/13		
17				17			18			
9				8			17			

Puzzle 126

Solution en page 160

		42	4			31	8		23	6
	5			8	5			5		
	12				16			13		
	30				11			3		
13			9				4			4
11			10			6				
			4							
14			16				16	6		
								25		
16			3			18				
			27			16				
	5			21					42	
				12						
	15			15			14			
				15						
		21				29	6			13
		37					8			
	22			14				11		
	7			33						
5			13	15				4		
23				11			7	14		
	7			23				5		
	16			4				9		
16			11			10				
13			6				14			

Puzzle 127

Solution en page 160

	9	27		16	12				40	13
14			15			11	14	17		
9			25					11 / 17		
6			33		23 / 8					
	16			5 / 16			3			
		23 / 7					14			6
	16					8	13	14		
	9			17	5 / 13			4 / 34		
	10	39 / 42							16	
11			16				17 / 15			
16			22			24 / 3				
	10			15 / 15					27	
	14			4 / 15			16			24
	21 / 4					12	17	17		
7			29					13		
10					16			12		

Puzzle 128

Solution en page 160

Puzzle 129

Solution en page 161

		45	3			26	11		33	28
	4 / 17			7	16			17		
20					8 / 16			13		
11			20 / 17					15		
	14 / 12			8 / 4				7 / 22		
17							17 / 9			
26						16 / 15			45	16
	5 / 3				31 / 15					
5			23	17 / 16				12 / 19		
30							3 / 6			10
		13 / 16				12 / 12				
	12 / 22				31 / 15					
10				7			14 / 14			16
4				9 / 7				9 / 15		
7			12			28				
14			4				17			

Puzzle 130

Solution en page 161

Puzzle 131

Solution en page 161

	13	37			6	13			41	10
15			3	7 / 13				13		
37								14 / 16		
	9 / 7				13		14 / 10			
12			12			14 / 16				11
7			10	12				12 / 16		
	5			10	29 / 17					
		21				14	16 / 10			
		40	28 / 16					15		
	16 / 11			24	16 / 5				21	
32						13	13			9
8			20 / 6				13	14		
	14				11			5 / 12		
	11 / 13				16	7 / 9				17
6				36						
16				14				10		

Puzzle 132

Solution en page 161

Puzzle 133

Solution en page 162

	8	45				12	17			
11					14 / 8			16	20	
3			29 / 7							
5		4 / 8					12			8
	19				14	13	14			
	8 / 19		6	17			6 / 12			
10				17 / 4				45		
14		3			7	9			12	
16		11	7			15	10			
	9		16	9 / 9			3 / 17			
	6	22 / 20			30					
6		12			15	15 / 6				
13		16		26					7	
	13		8	3 / 4			9			
	17						4			
		9					3			

Puzzle 134

Solution en page 162

Puzzle 135

Solution en page 162

			12	21	22				23	5
		23 ▷						8 ▷		
	10	21 ▷ / 29					11 ▷ / 11			
7 ▷			6 ▷			6	17 ▷ / 3			
10 ▷				11 ▷					23	6
14 ▷			22		5 ▷ / 24			8 ▷		
	12 ▷			9 ▷ / 6				12 ▷ / 30		
		20 ▷				9	17 ▷ / 7			
		27 ▷ / 22								
	11 ▷ / 12			14 ▷ / 21				29		
14 ▷			11 ▷ / 15				15 ▷		21	
15 ▷		17 ▷ / 11			26		17 ▷			
		27 ▷ / 11					24	13 ▷		
	8 ▷ / 14			17 ▷			12 ▷ / 15			
16 ▷				23 ▷						
6 ▷				16 ▷						

Puzzle 136

Solution en page 162

Puzzle 137

Solution en page 163

	6	27		20	15			16	9	
7			9			14	7 / 16			
11			37 / 8							
16					19				42	
	11			16	11		14			
	35	18 / 41				24	7			34
9			22				8	10		
12				7	16 / 9			16		
16			13					12		
8			5			7	3	17		
14			31	13				9 / 20		
	13				11				25	
	12			10	4		17 / 22			24
		12 / 16				23 / 16				
	38							14		
	15				17			16		

Puzzle 138

Solution en page 163

	7	28		16	22			11	25	
11			15			10	14			
12			23				10			16
7			11	7⧄16			11⧄6			
	17					22⧄8				
	15⧄20				3⧄29					
	12⧄16			6⧄27			15			
13		9	29					20	14	
21			12⧄23			21				
	25					10⧄24				
	16⧄16				17⧄8					
11	15⧄30			12⧄28			30			
23			29⧄13					22		
14		14	10			16	11			
14		21				16				
13			17			17				

Puzzle 139

Solution en page 163

	17	37			24	11		6	38	
14				14			13			16
15			17	10 / 16			17			
	24						12	8 / 3		
	22 / 16				11 / 21					
13			16			13 / 4				16
17			11	11 / 16				17		
		15 / 43					4	9 / 3		
	23 / 4				8	8 / 8				
11				10					30	5
6			16	9 / 6			13	10		
	21			8 / 28				3 / 14		
	19 / 5				11 / 22					
12			13	32						9
8				17				16		
	12			14				3		

Puzzle 140

Solution en page 163

Puzzle 141

Solution en page 164

Puzzle 142

Solution en page 164

Puzzle 143

Solution en page 164

		23	19		7	16			44	17
	7 ▷			9 ▷			11	16 ▷		
	14 ▷			21 ▷			14 ▷ / 4			
	9 ▷ / 16				15	15 ▷ / 7				
9 ▷				7 ▷ / 23			10 ▷			16
16 ▷			17 ▷ / 27				15	3 ▷		
	20 ▷				11 ▷		9 ▷ / 27			
		14 ▷ / 44				28 ▷				
	9 ▷ / 22			14			9 ▷ / 24			
26 ▷					24	16 ▷			30	
12 ▷			17 ▷			24 ▷ / 8				17
16 ▷			17	19 ▷				17 ▷		
	10 ▷			14 ▷ / 12				9 ▷ / 11		
	22 ▷ / 7				17	11	12 ▷			
5 ▷			18 ▷				3 ▷			
15 ▷				15 ▷			8 ▷			

Puzzle 144

Solution en page 164

Puzzle 145

Solution en page 165

	4	31					14	16		
3 ▷						14 ▷			19	17
7 ▷			17	16		28 ▷				
	23 ▷				16		9	17 ▷ 7		
	28 ▷ 9					19 ▷ 9				
4 ▷				13 ▷					3	8
13 ▷			3 ▷ 16				8 ▷		
3 ▷			9 ▷		32	13	4 ▷		
	7	4	22 ▷						28	8
6 ▷			23	16 ▷ 10				3 ▷	
13 ▷			15 ▷ 11				12 ▷		
	28 ▷ 16					16	5 ▷ 10		
	17 ▷ 13			20 ▷					
15 ▷		11	4		20 ▷				4
10 ▷							6 ▷		
	12 ▷						5 ▷		

Puzzle 146

Solution en page 165

Puzzle 147

Solution en page 165

		42	15			17	13	8		
	15			6	21 / 28				22	
	44 / 4									11
11			10			4		3		
5			16	3				11		
	9 / 8			9 / 9			15	12 / 20		
31						22				
4		3 / 19			10				44	
	12			8		23	14 / 5			6
		15 / 17			10			6 / 8		
	9 / 6			17 / 8						
9				11			16			4
4				5			10	11		
3			8	17	5 / 14			6 / 4		
	36									
		23					4			

Puzzle 148

Solution en page 165

Puzzle 149

Solution en page 166

	6	22						6	26	
12 ▷						4 ▷				3
						8				
11 ▷			14		14	16 ▷				
						22				
	13 ▷			21 ▷				11 ▷		
				11				27		
		24 ▷				13 ▷				
						17				
	16	3 ▷			18 ▷					
		28			11					
16 ▷			28 ▷						28	
			11							
7 ▷			3 ▷		19	13 ▷				7
						16				
14 ▷			28 ▷					10 ▷		
			23							
	12 ▷			5	15 ▷			7 ▷		
					12					
		11 ▷					13	13 ▷		
								16		
		14 ▷			14 ▷					
		13			4					
	13 ▷			15 ▷					16	
	11			8						
4 ▷			6 ▷				15 ▷			6
			17							
27 ▷								3 ▷		
	12 ▷							10 ▷		

Puzzle 150

Solution en page 166

Solutions

Solutions

Solution Puzzle 1

		38	14			14	13	30	16
13\17	5	8	5▸	1	4	17\11	8	9	
18▸	9	3	6	30\18	5	9	6	3	7
15▸	8	7	8\3▸	1	2	9▸	5	4	11
13\4	8	5	9\6	3	6	9\16	6	3	
17▸	1	6	3	2	5	24	9	7	8
12▸	3	9	13▸	4	9	9▸	7	2	

Solution Puzzle 2

			29	24					17	5
	15	17\30	8	9				8	6	2
26▸	9	2	7	8	11	14	4\10	1	3	
39▸	6	4	5	7	8	9	4\10	1	3	16
17\9	8	9	30▸	3	5	7	4	2	9	
16▸	7	9				17▸	2	3	5	7
9▸	2	7				3▸	1	2		

Solution Puzzle 3

		16	14					33	30
	12\34	9	3				10\4	4	6
21\12	8	7	6	8	3	19	3	7	9
9▸	3	6	9\13	5	3	1	14\6	1	5	8
15▸	1	9	5	8▸	5	2	1	15\11	8	7
21▸	6	7	8			20▸	3	8	9
6▸	2	4				5▸	2	3	

Solution Puzzle 4

	39	18		6	21		13	28	
17▸	8	9	8\15	2	6	9▸	5	4	
25\16	5	2	6	4	8	15\18	8	7	11
30▸	9	6	7	8	15\7	7	8	3\21	1	2
16▸	7	9	3\4	1	2	30\12	7	6	8	9
10▸	7	3	26▸	4	9	3	8	2	
5▸	4	1	4▸	1	3	13▸	7	6	

Solution Puzzle 5

	14	10		21	6		11	6
16▸	9	7	4▸	3	1	3\16	1	2
6▸	5	1	33\16	7	5	9	8	4
13▸	9\12	2	1	6	9\22	7	2	
4\17	1	3	16\16	3	5	8	15	
33▸	8	5	9	7	4	14▸	5	9
16▸	9	7	17▸	9	8	15▸	9	6

Solution Puzzle 6

		5	33	24	12				
16▸	27\17	3	7	9	8	23	4		
44▸	9	8	2	5	7	4	6	3	
16▸	7	9	17\8	9	8	3\12	2	1	8	15
	13▸	5	8	4\7	1	3	16\3	7	9
	36▸	3	4	5	8	7	2	1	6
			11▸	2	3	5	1		

Solution Puzzle 7

		10	12	17				27	11
	12▶	1	3	8	11		8▶	5	3
	28\29	5	6	9	8	10	16▶	9	7
13\20	7	4	2	4\12	3	1	7\23	6	1
14▶	9	5	4	1	3	19\17	3	9	7
12▶	4	8		27▶	9	8	4	6	
16▶	7	9		19▶	9	2	8		

Solution Puzzle 8

		13	9				22	8	
	12▶	7	5			14▶	8	6	
	5\13	2	3	21	12	6\9	4	2	27	4
37▶	8	3	1	9	5	4	7	11\11	8	3
6▶	5	1	35\3	4	7	5	3	6	9	1
	7▶	2	5			9▶	3	6	
	4▶	1	3			6▶	2	4	

Solution Puzzle 9

	12	25		3	26		16	11		
6▶	5	1	8\6	1	7	15▶	7	8	35	14
21▶	7	5	1	2	6	23\12	9	3	6	5
	14\16	9	5	14▶	9	5	16\6	7	9
17▶	9	8	14▶	5\4	4	1	12\4	4	8	13
16▶	7	2	6	1	20▶	4	3	2	5	6
		11▶	8	3	3▶	2	1	16▶	9	7

Solution Puzzle 10

		13	8			4	11		
	12\21	8	4		11▶	3	8	30	
10\16	4	5	1	13	10\4	1	3	6	16
17▶	9	8	10▶	3	6	1	20▶	15▶	8	7
13▶	7	6	13	14\16	7	3	4	16\10	7	9
	18▶	3	8	7		22▶	7	6	9
		14▶	5	9		13▶	9	4	

Solution Puzzle 11

	20	38		19	9		18	35	
16▶	9	7		15▶	7	8	16\6	7	9
8▶	3	5		16\20	4	1	3	6	2
17▶	8	9	12\6	4	8	15\7	2	5	8	23
	20▶	8	3	9	3\17	2	1	16▶	7	9
	24▶	3	1	7	9	4		11▶	5	6
	8▶	6	2	9▶	8	1		12▶	4	8

Solution Puzzle 12

	29	13			11	24		
12\16	7	5			12\10	5	7	27
23▶	9	6	8		25\24	3	6	9	7
15▶	7	8	7	9▶	7	2	13▶	8	5	12
5▶	3	2	14\13	9	5		12\16	8	4
26▶	5	4	9	8		23▶	9	6	8
	5▶	1	4			8▶	7	1	

Solution Puzzle 13

			6	11		11	30	
	30	3/16	1	2	7	15/6	7	8
42/16	8	7	5	9	1	2	4	6	7
20	7	4	9	13	10/6	6	4	14/11	9	5
15	9	6	6/17	5	1	12	11/9	5	4	2
	44	7	9	8	5	4	2	6	3
	13	5	8		15	8	7	

Solution Puzzle 14

	34	7			19	11	
6	4	2		16	7	9	16
12/16	7	5	15	6/17	3	2	1	6
16	7	9	24/15	7	8	9	11	6	5
17	9	8	21/16	4	8	9	3/7	2	1
23	6	9	8		8	5	3
10	7	3		6	2	4	

Solution Puzzle 15

		14	5		6	10	
	6/15	5	1	10	3/13	1	2	13
	44/25	8	9	4	2	7	5	3	6
11/14	4	7	12	14/5	8	6	8/17	1	7
16	9	7	6/16	4	2	8	12/11	8	4
44	5	6	7	8	3	2	4	9
17	8	9		13	6	7	

Solution Puzzle 16

	16	24			15	15	22
15	9	6	16		12	2	7	3	16
21	7	5	9		6	28/11	6	8	5	9
9/15	2	7	19/8	4	8	7	9/14	2	7
8	7	1	9/10	4	2	3	10	6	4	14
22	8	7	4	3		14	8	1	5
10	3	6	1		16	7	9

Solution Puzzle 17

	8	13			10	29		11	16
6	2	4	13	14/11	6	8	16	7	9
23	6	9	8	21/25	8	4	9	8/23	1	7
	14/11	4	7	3	14/7	5	6	3
	7/15	2	1	4	18/4	3	7	8	14	16
17	9	8	11	6	1	4	22	9	6	7
7	6	1	11	8	3			17	8	9

Solution Puzzle 18

	39	9			17	38	
11	4	7	5		17	8	9
13/16	7	2	4	10	14	15	9	6	14
17	9	8	9	1	3	5	10	8	3	5
16	7	9	16	20	7	9	4	16/10	7	9
12	5	7			14	6	3	5
15	6	9			15	7	8

135

Solution Puzzle 19

	9	11		13	24		11	8	
7	5	2	11/12	4	7	9/21	6	3	16
45	4	6	2	9	8	3	5	1	7
12	4/23	3	1	15/11	9	6	13/20	4	9
12	4	8	6/8	5	1	13/11	5	8	6
45	8	6	1	4	3	2	7	9	5
16	9	7	16	7	9	4	3	1	

Solution Puzzle 20

	6	37		23	15			26	15
10	4	6	13	9	4		8	1	7
5	2	3	14/4	8	6	15	15/6	7	8
16	4	3	6	2	1	4/7	1	3	
8/12	7	1	26	3	6	4	5	8	14
13	5	8			4	3	1	13	5	8
16	7	9			7	5	2	8	2	6

Solution Puzzle 21

	28	16					15	35	
13	6	7	9			17	9	8	
19/13	7	9	3	12	16	13	6	7	4
10	6	4	17	6	4	7	5	6	5	1
8	7	1	16	20	8	9	3	5/3	2	3
17	8	9			7	2	1	4	
9	2	7			11	2	9		

Solution Puzzle 22

	11	21			16	19		31	14
11	9	2		17/16	9	8	9	4	5
3	2	1	12	19/29	9	7	3	17/3	8	9
28	4	9	8	7	6/13	1	2	3
15/13	5	3	7	16/9	6	7	1	2	9
8	5	3	14	5	2	7	16	9	7
14	8	6	16	9	7		7	5	2

Solution Puzzle 23

	4	23		23	25			37	5
3	1	2	16	9	7		4	3	1
8	3	5	13/3	8	5	29	12/12	8	4
23	3	2	6	4	8	14/10	5	9
9/12	8	1	30	9	5	3	7	6	10
11	7	4		14	9	5	15	7	8
6	5	1		9	7	2	6	4	2

Solution Puzzle 24

	16	34		6	10		21	4
17	9	8	4/29	1	3	16	6	5	1
12	7	5	29/15	9	5	7	8	4/15	1	3
15	2	6	7		17	5	9	3
23/6	6	9	8	9	9/12	1	6	2	7
14	5	9	11	5	1	3	2	6	4	2
5	1	4		17	8	9	11	6	5

Solution Puzzle 25

	22	12			16	19			
15	9	6		9/12	7	2	14		
10	7	3	26/12	4	9	7	6	28	
7	6	1	11/14	3	8	24/12	9	8	7	21
9	2	6	1	4/4	3	1	16	9	7
		26	8	6	3	9	14	8	6
		3	2	1			12	4	8

Solution Puzzle 26

				16	8	32			
		18	3	23/13	9	6	8		
6	26/11	3	1	8	7	2	5	11	8
15	4	3	1	2	5	14	23/5	9	8	6
15	2	8	5	16	23/11	8	4	6	3	2
	23	2	7	3	6	1	4		
	24	7	9	8					

Solution Puzzle 27

	4	35				12	4		
12	3	9	7	12		6	5	1	16	8
11	1	5	2	3	11	17/6	7	3	2	5
	31/17	6	5	9	7	4	8	4/11	1	3
17	9	8	11	21/16	4	2	7	5	3	6
27	8	7	3	9		13	1	6	4	2
		15	8	7			10	6	4

Solution Puzzle 28

	3	34			10	4		39	10
7	2	5		3/26	2	1	10	11	8	3
5	1	4	18/14	6	8	3	1	16/17	9	7
	24	9	8	7		19	3	9	7
	14/14	3	6	5	4	16/13	2	8	6	16
16	9	7	18	8	1	5	4	11	4	7
11	5	6		11	3	8	14	5	9

Solution Puzzle 29

		37	19			11	32		
	16	9	7		11	8	3		
	16	14/13	6	8	13	4/12	3	1	17	7
33	7	5	8	4	6	3	21/22	8	9	4
20	9	8	3	38/17	7	9	6	5	8	3
	16	7	9		16	7	9		
	12	4	8		15	9	6		

Solution Puzzle 30

	12	4			16	14	19		
	6/8	5	1	15/15	7	3	5		
8	1	4	3	26/28	7	9	4	6	27
8	7	1	17/24	9	8	20/16	5	8	7	16
	17	2	9	6	9/16	7	2	14/10	5	9
	29	8	5	7	9	16	3	6	7
	24	7	8	9		16	7	9	

137

Solution Puzzle 31

		18	6	13			5	6	
16 ▸	3	5	8	6	4 ▸	3	1	29	
11/4 ▸	2	1	5	3	14/18	2	5	7	16
4 ▸	3	1		9	2	7	12	5	7
8 ▸	1	7	14	4/9	1	3	12	17/17	8	9
18 ▸	5	6	7	25	8	5	9	3	
10 ▸	8	2	21 ▸	7	8	6			

Solution Puzzle 32

		29	4			26	9		22	30
3 ▸	2	1	16	16 ▸	9	7	9/5	3	6
18/28 ▸	8	3	7	17/24	3	2	1	4	7
10 ▸	4	6	23/12	9	8	6	18/7	4	5	9
24 ▸	8	7	9	22/6	9	8	5	15/7	7	8
22 ▸	9	1	3	5	4	7 ▸	2	4	1
12 ▸	7	5	4 ▸	1	3	5 ▸	3	2	

Solution Puzzle 33

		14	21		4	24		34	23
6 ▸	5	1	3	11/19	3	8	16 ▸	7	9
32 ▸	9	5	2	8	1	7	20	10 ▸	4	6
7/8 ▸	2	1	4	14/23	9	5	17/12	9	8
6 ▸	2	4	15 ▸	7	8	22/12	9	7	6	16
4 ▸	1	3	38 ▸	9	8	6	5	3	7
11 ▸	5	6	10 ▸	6	4	14 ▸	5	9	

Solution Puzzle 34

		18	38		3	14		16	38
17 ▸	8	9	4/3	1	3	14 ▸	9	5	
20 ▸	4	7	1	2	6	11	15 ▸	7	8	10
8 ▸	1	5	2	4 ▸	1	3	12/7	9	3
11 ▸	5	6	4	5 ▸	4	1	12/9	3	7	2
4 ▸	3	1	19 ▸	5	6	4	3	1	
11 ▸	8	3	5 ▸	2	3	10 ▸	6	4	

Solution Puzzle 35

		6	32		9	23			39	16
9 ▸	2	7	16 ▸	7	9		11	13/17	4	9
7 ▸	1	6	7 ▸	2	5	30/30	6	9	8	7
5 ▸	3	2	10	35/7	6	9	5	8	7	23
33/3 ▸	9	7	6	3	8	17	17 ▸	9	8
11 ▸	2	5	3	1	14 ▸	6	8	15 ▸	6	9
4 ▸	1	3			16 ▸	7	9	11 ▸	5	6

Solution Puzzle 36

		4	37			13	21		38	24
11 ▸	3	8	3		3 ▸	1	2	16 ▸	7	9
8 ▸	1	5	2	12	10/27	4	6	12 ▸	5	7
24/22 ▸	7	1	2	6	3	5	14/15	6	8
15 ▸	9	6	28 ▸	1	4	5	8	7	3	4
16 ▸	7	9	15 ▸	6	9		18 ▸	8	9	1
8 ▸	6	2	11 ▸	3	8			11 ▸	8	3

Solution Puzzle 37

	15	7			37	30			11	16
15▸	9	6	16	10▸	7	3		11	4	7
11▸	6	1	4	16/6	9	7	4	14/10	5	9
	29/11	5	4	8	6	3	1	2		
28/12	3	7	2	6	4	1	5	6	4
14▸	8	6		3▸	2	1	8	4▸	1	3
6▸	4	2		14▸	5	9		6	5	1

Solution Puzzle 38

	28	10			13	24			36	4
5▸	2	3		17/14	8	9	8	7	1	
12▸	8	4	21/11	9	5	7	11/27	8	3	
15▸	6	1	3	5	20/7	5	9	6		
8/15	1	2	5	21/5	6	3	8	4		
15▸	8	7	6	2▸	3	1	16▸	7	9	
11▸	7	4	3	1▸	2		5▸	3	2	

Solution Puzzle 39

	37	26			27	14			37	15
15/16	8	7	13	13▸	8	5	17▸	9	8	
26▸	9	3	6	8	16/20	7	9	12/26	5	7
34▸	7	6	4	5	3	9	17/9	9	8	16
16/3	7	9	23/17	6	3	1	4	2	7	
5▸	1	4	12▸	8	4	28▸	8	5	6	9
11▸	2	9	16▸	9	7		15▸	8	7	

Solution Puzzle 40

			24	13		4	26		
		10/28	7	3	6▸	1	5	4	6
	24▸	8	9	7	11/29	3	2	1	5
4▸	18/12	4	8	1	5	10/19	6	3	1
7▸	1	4	2	18/3	2	7	5	4	
17▸	3	8	5	1	23▸	8	6	9	
	11▸	9	2	17▸	9	8			

Solution Puzzle 41

	6	10	29	18		9	37		
13▸	1	2	6	4		17▸	8	9	16
29▸	5	8	7	9	10▸	12/13	1	4	7
	13/8	1	5	3	4	16/10	7	9	
14▸	6	8	28/6	7	9	4	8	13	14
11▸	2	4	5		27▸	5	6	7	9
	4▸	3	1		15▸	1	3	6	5

Solution Puzzle 42

	17	38			30	37			30	14
16▸	9	7		4▸	1	3	16	15▸	6	9
17▸	8	9	17▸	21▸	8	6	7	6/11	1	5
17▸	8	9	31/17	5	8	9	2	7		
33/15	6	8	9	3	7	14▸	9	5	3	
9▸	6	3	18▸	8	6	4	4▸	3	1	
14▸	9	5	16▸	7	9		10▸	8	2	

139

Solution Puzzle 43

			31	7	15		25	21	
		22▶	8	5	9	10/34	6	4	14
		37/16	4	2	6	8	3	9	5
	4	12/22	3	9	28	4	7	8	9
11▶	1	5	2	3	8	16/9	7	9	
31▶	3	8	4	7	2	1	6		
16▶	9	7	23▶	6	8	9			

Solution Puzzle 44

		6	35		15	6		25	39	
12▶	3	9		7/14	6	1	16/30	9	7	
10▶	2	8	29/11	3	9	5	6	2	4	
20▶	1	6	5	8		23▶	9	8	6	10
9▶	4	3	2	8	20/17	8	6	5	1	
27▶	5	2	1	3	9	7	10▶	8	2	
4▶	3	1	13▶	5	8		16▶	9	7	

Solution Puzzle 45

	11	26			15	9	6	33	
3▶	2	1	6	7	28/11	7	8	4	9
45▶	5	9	4	6	7	8	1	2	3	25
17▶	3	7	2	1	4	15	11	17/13	8	9
5▶	1	4	11	9	35/16	9	7	8	5	6
45▶	3	7	8	9	6	4	5	1	2
14▶	2	4	1	7		15▶	7	8

Solution Puzzle 46

				16	24			29	11	
			11▶	7	4		11/12	8	3	
	15	22	17/28	9	8	22/22	8	9	5	4
23▶	9	6	8	26/17	5	6	4	7	1	3
39▶	6	4	5	8	7	9	8/3	5	2	1
22▶	7	6	9	4▶	3	1				
14▶	5	9		6▶	4	2				

Solution Puzzle 47

		9	36		4	14		31	11	
	16▶	7	9	10/22	1	9	4/15	1	3	
	36▶	2	1	4	3	5	7	6	8	
		17▶	8	9		8▶	3	5		
	13/4	6	7	15	4/12	1	3	17	
44▶	3	7	2	6	5	4	9	8	
6▶	1	5	16▶	9	7	16▶	7	9	

Solution Puzzle 48

		37	15					27	13	
	15/9	6	9		18	27		17/17	8	9
12▶	2	4	6	10/16	4	6	15/11	8	3	4
16▶	7	9	33/13	7	2	4	5	9	6	14
	39/6	7	4	9	5	8	6	6/5	1	5
22▶	5	8	9	16▶	7	9	20▶	4	7	9
4▶	1	3					3▶	1	2	

Solution Puzzle 49

		24	11					23	18
4›	1	3	16				5›	4	1
22/10›	5	8	9	15	16		8›	2	6
4›	1	3	22›	7	6	9	4\4›	1	3
5›	3	2	19›	9	7	3	15/3›	7	8
8›	2	6				9›	1	2	6
11›	4	7				4›	1	3	

Solution Puzzle 50

		32	22		15	12	33		
	16›	9	7	24/12›	7	8	9		
	12›\32/17›	2	6	7	8	4	5	11	16
35›	7	8	6	9	5	9›	11/9›	1	3	7
17›	5	9	3	7	34/3›	4	6	7	8	9
	29›	7	6	1	5	2	8		
	8›	5	1	2	4›	1	3		

Solution Puzzle 51

			30	14			12	13				
	16	4	17›	9	8		17›	8	9			
8›	7	1	10/16›	4	6		5/10›	1	4			
27›	9	3	7	8		5/20›	2	3	38	14		
12›	7/36›	5	2	15/13›	7	8	17/12›	9	8			
35›	9	8	4	7	5	2	15›	8	4	3		
4›	3	1	10›	14›	8	6	7/12›	4	1	2		
	15›	7	8	3	8	5	3	4/12›	3	1		
	7/14›	4	2	1	25	23›	9	8	6			
5›	2	3	11/12›	2	9	6	6›	4	2	4		
21›	7	5	9	10›	6	4	33›	11/7›	8	3		
13›	4	6	3	24/12›	3	2	9	4	5	1		
3›	1	2	12/16›	5	7	9›	8	1	4	13		
		9/4›	2	7		15/4›	7	2	1	5		
	11›	3	8		6›	1	5	11›	3	8		
	7›	1	6		7›	3	4					

Solution Puzzle 52

		26	19				6	8				
	16›	7	9	11		4/14›	1	3	15			
	6›	1	3	2	16/24›	3	5	1	7			
	22/16›	6	7	9	16›	9	7	12›	4	8		
14›	9	5		12/14›	8	4	16	20				
10›	7	3	3	16/32›	9	7	17/27›	9	8			
20›	4	2	9	5	16/16›	4	7	5	11			
16›	5/28›	1	4	14/14›	9	5	6›	4	2			
14›	9	5	30›	6	8	7	9	12/4›	3	9		
16›	7	9	11/16›	5	6	3/17›	2	1	34			
21›	6	7	8	20/23›	8	7	3	2	16			
17›	8	9	15/10›	6	9		15›	8	7			
15›	7	16›	7	9		16›	14/19›	5	9			
9›	8	1	9/6›	1	8	22›	7	6	9			
14›	7	4	1	2		23›	9	8	6			
7›	2	5				9›	5	4				

Solution Puzzle 53

	16	29				11	3		45	7
17▸	9	8			9▸	7	2	6/9▸	2	4
11▸	7	4	16	8	16/6	4	1	2	6	3
12/15	5	2	1	4	12	16▸	7	9	17	
37▸	8	9	6	7	2	5	16	12▸	4	8
11▸	7	3	1	6	16▸	7	9	16/10	7	9
	16	11/45▸	7	4	4	20▸	7	8	5	
13▸	9	4	3▸	2	1	14	3▸	2	1	16
8▸	7	1	10	8▸	3	5	5	17▸	8	9
12▸	8	4	15	11▸	9	2	10/12▸	3	7	
23/8	9	6	8	14	4▸	3	1	27	17	
11▸	5	6	13▸	7	6	11	22/8	5	9	8
10▸	3	7	16	36▸	8	6	7	4	2	9
14/15	5	9	8	11/16	5	1	2	3	16	
31▸	8	2	7	5	9			15▸	8	7
10▸	7	3	10▸	3	7			14▸	5	9

Solution Puzzle 54

	30	4		20	10			8	44	
8▸	7	1	10▸	7	3	7▸	2	5		
11/16	8	3	12/8▸	5	7	9/17	1	8		12
14▸	9	5	4▸	1	3	29/12	9	5	7	8
8▸	7	1	28/13	7	4	9	8	6/15	2	4
5▸	3	2	4▸	1	3	12/24	8	4		
10▸	6	4	27	22/4	9	7	6	12		
15	16/44	7	9	3/13	1	2	8▸	3	5	
12▸	8	4	27▸	8	9	3	7	16/22	9	7
16▸	7	9	11/3	7	4	13▸	6	7	34	
10▸	5	2	3	14	27	9▸	6	3		
4/17	3	1	17/11	8	9	17/16	9	8	7	
16▸	9	7	26/22	7	6	4	9	12▸	7	5
19▸	8	2	5	4	12/7	5	7	7/14	5	2
17▸	8	9	4▸	3	1	17▸	8	9		
14▸	6	8	12▸	4	8	8▸	6	2		

Solution Puzzle 55

	38	3	5				15	44		
11/7	8	1	2	11		17▸	8	9		
15▸	1	5	2	3	4	17	12▸	7	5	16
15▸	6	9	29	16▸	7	9	25	9▸	2	7
16/17	7	9	24	15/13	8	7	13/10	4	9	
34▸	9	6	7	8	4	13▸	4	3	6	
32▸	8	3	5	7	9	24/4	9	7	8	7
16	17/40	8	9	8/15	3	5	12▸	7	5	
16▸	9	7	8/23	7	1	15	5/11	3	2	
9▸	7	2	13/5	5	8	4/13	3	1	32	9
7▸	1	2	4	20▸	6	4	2	5	3	
15/6	4	3	8	35/15	7	8	5	9	6	
14▸	5	9	13▸	6	7	16	4▸	3	1	16
4▸	1	3	6	17▸	8	9	13	15/15	8	7
12▸	8	4		30▸	7	5	6	3	9	
8▸	6	2		23▸	8	9	6			

Solution Puzzle 56

	15	6			5	20			
12▸	9	3	8▸	2	6	6	22		
8▸	6	2	17	11	11/5	3	1	5	2
11▸	1	3	5	2	7/9	2	1	4	3
20/20	5	6	3	2	4	4▸	3	1	
17/10	8	9	11/15	4	7	10/16	8	2	
5▸	2	3	10/24	7	3	8/22	3	5	
17▸	8	9	17/7	9	8	9▸	5	4	
	8▸	1	7	17/16	8	9		11	4
10/32	2	8	16/24	7	9	7▸	4	3	
11/11	7	4	17/33	8	9	3/20	2	1	
16▸	7	9	17▸	8	9	13	13/8	8	5
7▸	4	3	30/15	5	7	9	6	3	9
20▸	5	8	7	20/14	4	2	9	5	15
25▸	8	7	4	6			12▸	3	9
17▸	9	8					7▸	1	6

Solution Puzzle 57

		17	11		24	20			39	12
	16▸	9	7	16/13	7	9		15▸	7	8
	32▸	8	4	6	9	5	7	6/4	2	4
	23▸	25	27▸	7	8	6	2	1	3	
17▸	8	9		32▸	5	17▸	5	3	9	16
16▸	9	7	13▸	9	4	12		13▸	6	7
9▸	6	3	6/7	2	1	3	34▸	17/21	8	9
	15▸	6	1	8	28▸	9	8	7	4	
	11/36	4	7	11	13▸	4	9	15		
	12/6	1	2	6	3	15/14	6	5	4	20
13▸	4	9		23▸	8	6	9	9▸	3	6
8▸	2	6	15	8	15▸	8	7	6	1	5
	23▸	8	9	6	22	24	12	16▸	7	9
	36/3	4	6	2	7	9	8	17▸	16	
4▸	1	3		34▸	6	7	4	8	9	
7▸	2	5		17▸	9	8	16▸	9	7	

Solution Puzzle 58

	16	45							34	16
17▸	9	8		5	12			17/17	8	9
12▸	7	5	7/12	3	4	21	19	8	4	7
	18/9	1	4	2	8	3	16/29	9	7	7
21▸	7	6	8		11/15	4	7	15/4	9	6
5▸	2	3	16	24▸	7	2	5	3	6	1
	13▸	4	9	24▸	8	6	9	1	45	17
	9/14	2	7		9/28	1	8	14▸	6	8
13▸	6	7		7/29	2	5		16/4	7	9
17▸	8	9	12/15	7	5	16	11	3	8	
	16	25/21	9	5	4	7	10	1	9	10
37▸	7	4	6	8	3	9		4/13	3	1
14▸	9	5	15/15	9	6	4	19/13	6	4	9
	8/17	2	6	23▸	8	1	5	7	2	15
20▸	8	3	9		11▸	3	8	14▸	5	9
16▸	9	7					7▸	1	6	

Solution Puzzle 59

	17	39		24	14			8	43	
14▸	8	6	17▸	8	9		8▸	2	6	
16▸	9	7	12/17	7	5	10	14/10	6	8	7
	22▸	5	8	9	7	2	5	3	1	2
	17/5	8	9		6	4	2	8/9	3	5
6▸	2	4	24		17/3	1	3	8	5	6
19▸	3	9	7	4/12	1	3	7	1	4	2
	18/39	9	7	2		7	11/8	7	4	
	17/17	4	8	5		12/13	2	1	9	
11▸	9	2	5		18/17	9	5	4	32	17
20▸	8	9	3	5/7	1	4	16	3	5	8
	11/15	5	2	1	3		16/15	7	9	
12▸	9	3	11▸	4	7		13/17	7	6	
7▸	6	1	8/11	2	6	17/3	6	8	3	15
	12▸	7	5		10▸	2	8	10▸	2	8
	14▸	8	6		4▸	1	3	16▸	9	7

Solution Puzzle 60

	5	43			13	11		24	34	
12▸	4	8		17/13	9	8	14▸	8	6	
5▸	1	4	12/16	5	4	3	11/11	7	4	
	23▸	6	9	8		22/7	8	9	5	13
	16/8	9	7	13	4/15	1	3	8	3	5
3▸	2	1	22		9	7	6	17/26	9	8
13▸	6	7	12/21	4	8	10	16/15	9	7	
13▸	5	8	4	23/14	8	9	6	44		
36▸	3	4	1	5	2	6	7	8		
	14/33	2	3	9	17	6/13	4	2	15	
	15/17	8	7		14/17	8	6	13▸	6	7
16▸	9	7		24/14	8	9	7	17/11	9	8
14▸	8	6	15/24	6	9		5/17	2	3	
	21▸	4	9	8	11	21/16	8	9	4	17
	10▸	3	7	20▸	4	7	9	16▸	7	9
	13▸	5	8	16▸	7	9		13▸	5	8

143

Solution Puzzle 61

		30	23		6	10			36	17
	13	4	9	4/16	1	3	15	11	3	8
	32	2	6	4	5	7	8	15/15	6	9
	23/24	6	8	9	14	20	7	9	4	
15	7	8	5	3	2	21	7	6	1	18
16	9	7	16/9	7	9	16	8	5	3	
11	8	3	22/8	6	5	4	7	14	8	6
	10/44	7	3	17	8	9	16/13	7	9	
	4/24	3	1	12	22		7/13	5	2	
16	9	7	10	4	6	12/16	4	8	38	12
9	7	2	30	8	7	6	9	16	7	9
14	8	6	4	17	9	8	19	6	5	1
	6	5	1	6	5	2	3	5/13	3	2
	12/5	8	3	1	4	24/14	9	7	8	
6	2	4	31	5	3	8	7	2	6	
12	3	9		7	1	6	13	4	9	

Solution Puzzle 62

		4	43		8	14			28	15
10	3	7	13/5	5	8	6	14	6	8	
6	1	5	12/7	2	3	6	1	12/5	5	7
	13	9	1	3	8	7/16	2	1	4	3
	12	8	4	25	1	7	3	4	8	2
	3/22	1	2	16	7	9		3/17	2	1
12	9	3		9	8		12/21	9	3	
14	8	6	4	3	1	14/13	6	8	43	10
9	5	4	29/6	5	7	9	8	5	4	1
	3/33	2	1	11	4	7	10	7	3	
	10/17	6	4		15	16		14/11	8	6
15	8	7	7	16/15	7	9	7	2	5	
39	9	5	6	4	8	7	4/7	1	3	
	12/12	3	1	8	9	23/13	6	8	9	11
9	5	4	11	3	2	5	1	14	6	8
15	7	8		15	7	8		4	1	3

Solution Puzzle 63

		24	11		6	11			37	17
	4	1	3	4	1	3	4	17	9	8
	11/6	3	8	8	5	2	1	14/22	5	9
3	1	2		14/6	1	3	6	4		
11	3	8	8/19	3	5	8	7	1		
6	2	4	6/8	4	2	18	16/10	9	7	23
	30	6	3	8	1	5	7	8	2	6
	15	12/36	5	7	10/23	7	3	14	6	8
4	1	3		14/7	8	6	17	12/3	3	9
11	6	5	15	6	9	7/22	6	1	31	
12	8	4	25/24	1	6	5	7	2	4	24
	15	8	7		12/26	8	4	14	5	9
	16	7	9	16/16	7	9		9	2	7
	26/12	6	8	7	5	16		17/16	9	8
11	9	2	22	9	6	7	17	9	8	
4	3	1		17	8	9	10	7	3	

Solution Puzzle 64

		9	37		14	21			39	10
8	6	2		14	5	9		5	3	2
4	3	1	10	16/22	9	7	4	17/12	9	8
	23	6	9	8	15/9	5	1	3	6	
	12/14	4	1	5	2	19	3	9	7	8
12	5	7	16	9	7		6	4	2	
17	9	8	19			8	10	14/14	8	6
	17	9	8	4	10/11	1	4	3	2	
	26/35	5	1	3	7	6	4	28		
	26/16	9	6	3	8		10	7	3	5
10	7	3			7	12	5	4	1	
14	9	5	13	8	3	2	1	11/4	7	4
	7	1	4	2	16/21	5	7	3	1	
	30/16	8	9	6	7	7/9	4	1	2	15
9	7	2		7	5	2		11	5	6
16	9	7		16	9	7		15	6	9

Solution Puzzle 65

		6	29				15	8	
	4▶	1	3			9▶	7	2	36	
	13▶	5	8	15	17	23▶	8	6	9	16
		24▶	7	9	8	20	9	16▶	7	9
		35/23	5	6	9	8	7	12/14	5	7
	14/15	8	6		14/17	3	2	5	4	4
16▶	7	9		17/11	8	9	17▶	6	8	3
14▶	8	6	16/19	7	9		6/11	2	3	1
	12	6/38	2	4		4/13	3	1	20	17
9▶	5	3	1		14/24	6	8	16▶	7	9
22▶	7	6	9	15/17	8	7		13/31	5	8
	29/17	5	7	8	9	14	17/17	9	8	
17▶	9	8	33▶	9	7	6	8	3	
15▶	8	7	14	11	24▶	8	9	7	7
	18▶	9	5	4			14▶	8	6
		16▶	9	7			5▶	4	1

Solution Puzzle 66

		28	17		28	16			9	15
	16▶	7	9	12/9	5	7	3	15/16	7	8
	45/9	4	8	3	6	9	1	5	2	7
11▶	3	8	15/16	6	9	3/20	2	1	42	
22▶	6	9	7	13/15	8	5	7/4	2	5	
	17/33	9	8	18/17	6	1	8	3	16	
12▶	8	4	18/7	4	9	2	3	16▶	9	7
36▶	9	5	4	3	8	7		17/6	8	9
	4/4	1	3		22	12	9/13	5	4	16
3▶	1	2	23/16	3	4	2	1	6	7
10▶	3	7	26/22	7	5	8	6	16/11	7	9
	25▶	6	2	9	8	14/28	5	9	14	4
	17▶	8	9	14/10	6	8	6/6	2	1	3
	12	17/17	8	9	6/9	5	1	5/16	4	1
45▶	4	8	3	1	2	6	5	9	7	
17▶	8	9		16▶	7	9	9	7	2	

Solution Puzzle 67

		31	17			4	9		45	6
	16▶	7	9		5	3	2	4/22	3	1
	13/5	5	8	3	26/17	1	7	9	4	5
5▶	1	4	4	1	3		16▶	7	9	
13▶	4	9	8/11	2	6	20	13▶	6	7	15
	10▶	6	4	15/13	8	7	10	10/16	2	8
	16▶	6/45	1	5	34▶	4	8	9	6	7
30▶	9	7	6	8	17/18	3	2	7	5	4
10▶	7	3	4	10/11	4	6	10	4/21	1	3
	10/4	2	1	4	3	17▶	3	5	8	1
17▶	1	4	3	7	2	16/21	7	9	18	
11▶	3	8	21	15▶	9	6	11/17	7	4	11
	15▶	6	9		17▶	8	9	11	3	8
	17/11	9	8	9	15/6	7	8	4/12	1	3
23▶	7	1	4	6	5		15▶	7	8	
9▶	4	5	4	3	1		7	5	2	

Solution Puzzle 68

		30	13		4	6	17			
	14▶	8	6	16/4	3	4	9			
	16/8	9	7	11/20	3	1	2	5	42	
10▶	3	7	7/17	6	1	13	12/24	3	9	3
27▶	5	6	9	7	14▶	5	9	7	5	2
	10▶	8	2	15/29	8	7	4/15	3	1	
	12	40	14	5	9	21/23	8	9	4	
13▶	8	5		14▶	8	6	14▶	6	8	17
7▶	4	3	9	16▶	7	9		14▶	6	8
	11▶	8	3	12/16	5	7	18	16▶	7	9
	23/15	9	6	8	3/3	1	2	14		
8▶	6	2	7	5	2	16▶	7	9	24	17
16▶	9	7	4/10	3	1	26/11	8	5	4	9
	8▶	6	2	8	4/7	3	1	15/8	7	8
	15▶	1	2	4	8	13▶	5	8		
	16▶	7	6	3		8▶	3	5		

Solution Puzzle 69

		11	9			12	29	38	
	6/11	4	2	9		17	9	5	3
25	8	6	7	4	30	15/31	3	7	5
4	3	1	17/3	2	8	7	16/3	9	7
6	31/22	2	3	7	4	1	8	6	16
9	2	6	1	11	6	3	2	17	8	9
11	4	7	17	17	9	8	5	16	9	7
	17	9	8	10	13	9	4	6	
	16	9	7	18	5	1	4	6	
	9	36	5	3	2	24	5	2	3	10
5	2	3	6/3	1	5	6/12	2	4	
16	7	9	14/10	1	5	8	15/7	8	1	6
	34	8	3	2	7	9	1	4	21	7
	5	4	1	9/17	3	2	4	12/6	8	4
	20	7	4	9		10	2	1	4	3
	15	5	2	8			14	5	9	

Solution Puzzle 70

		10	32			16	17		6	24	
7	3	4		10	7	3	5	2	3	
16	7	9	16	14	9	5	8/8	3	5	
	15/16	8	7	22	16	8	5	1	2	12
30	7	6	9	8	4/14	1	3	4	1	3
14	9	5	17/27	9	8	11	8	13/24	4	9
	12	36/4	2	5	6	4	3	7	9	
19	9	3	7		20	7	5	8	10	16
8	3	1	4	15	5		21	5	7	9
		20/23	9	7	4	5	11/23	1	3	7
	29/11	4	5	8	1	2	6	3	34	17
4	3	1		5	11/28	3	8	17/5	8	9
13	8	5	5/23	1	4	25	9	1	7	8
21	2	8	4	7	16	13	4	9	16
	12	3	9	16	9	7		15	6	9
	14	8	6	17	8	9		11	4	7

Solution Puzzle 71

		13	13			11	17	13	
	16	9	7		14	4	9	1	
	7	4	3	8	21	7	8	6	4
	4	4/9	1	3	7	7/14	4	3	
15	3	4	2	5	1	24	8/16	5	2	1
6	1	5	8	26/14	6	4	7	9	10	5
		6	1	5	17/15	8	9	3	1	2
	21/8	2	9	3	7		8/23	5	3
	7/12	2	5	5	2	3	12/8	8	4
14	9	5	13/4	4	2	1	6	
4	3	1	6/8	1	5	16/8	7	9	8	10
	4	12/26	2	3	1	6	7	13/24	7	6
11	1	4	6		21	2	6	8	1	4
12	3	9	12	8		4	1	3	15
	23	8	9	6		12	4	8	
	10	5	3	2		16	9	7	

Solution Puzzle 72

		5	45		15	19			3	25	
3	2	1	14	9	5		5/9	1	4	
9	3	6	13/29	6	7	7/6	4	2	1	6
	14/14	5	9	9	3	1	5	14	9	5
24	9	7	8	9/10	4	5		4/20	3	1
23	5	3	7	8		17/16	9	8	
	11/3	4	5	2	22	14/9	9	5	45
3	1	2		32	9	2	7	6	8	14
10	2	8	11	9/6	6	3		10	4	6
	33	9	8	5	7	4	15	15/22	7	8
	3/33	2	1		15	8	4	3	12
	5/4	4	1		15	29/28	7	9	5	8
6	1	5		14/13	8	6	7	1	2	4
10	3	7	20/12	4	7	9	17/16	8	9	5
21	8	4	9	12	5	7	4	1	3
	17	9	8		17	8	9	8	6	2

Solution Puzzle 73

			11	8	13			31	11
	9/37	3	2	4		5/10	3	2	
	30/6	7	8	6	9	16	12/13	1	6	5
4	1	3		32	7	5	9	8	3
9	3	6	17	17/9	9	8	6/6	5	1
11	2	9	16/14	9	7	16	14/15	5	9
	31	4	6	8	2	7	3	1	44	5
	3/14	2	1	18	14	9	5	12/24	9	3
29	9	5	7	8	3	26	7	9	8	2
6	5	1	5/4	4	1	6	12/13	7	5
	31/19	3	6	2	1	4	8	7	12
	4/19	3	1	14	14/15	5	9	14	6	8
4	3	1	16/12	9	7		5	2	3
30	6	7	4	5	8	16	13	4/7	3	1
23	9	6	8		17	7	5	1	4
3	1	2		23	9	8	6		

Solution Puzzle 74

	6	33		16	23			10	11	
6	1	5	16	7	9		12	4	8	
12	5	7	17/4	9	8	25	4/10	1	3	
	5/6	4	1	23/12	6	5	9	3	24	
16	4	8	3	1	13/3	7	1	2	3	13
11	2	9	7	2	1	4	6	14	6	8
	31	10/16	3	2	1	4	8	5	3
18	5	7	6	10	8	2	3/4	1	2
17/12	8	9	10	35		10/28	3	7	
16	7	9	14	6	8	8/14	5	1	2
9	3	6	27	4	9	6	8		20	9
3	2	1	15	24/17	7	8	9	7/8	2	5
	18	2	3	8	5	13/23	6	2	1	4
	28/15	5	9	6	8	14/11	6	8	16
7	6	1		10	6	4	11	4	7
15	9	6		16	9	7	14	5	9

Solution Puzzle 75

	4	20			25	16		9	45	
3	1	2		14	5	9	6	2	4	
4	3	1	28	15/7	8	7	14	6	8	
	29/16	7	8	5	9	16	8	1	7	12
32	9	6	5	2	3	7	11	8	3	5
20	7	4	9	12	12	9	3	13/8	6	7
	9	14/45	6	8	12	24	8	7	9
11	7	4	12	4	8	17	3	1	2	5
3	2	1	10	12	4	8	15	8	5	3
	12	8	4	11	16	9	7	3/18	1	2
	22/16	7	6	9	16	15	8	7	32	17
14	9	5	9	2	7	30	22/15	5	8	9
13	7	6	18	36	9	6	7	2	4	8
	9	3	6		27/4	9	8	4	6	9
	6	2	4	8	1	7		7	5	2
	17	9	8	11	3	8		16	9	7

Solution Puzzle 76

	15	29			12	10	15			
8	3	5		6/11	3	2	1		
14	6	8	24/20	3	9	8	4	8	6
3	2	1	16	9	7	7	2	1	4
10	4	6	4/12	3	1	4	14/20	5	7	2
	24	7	9	8	12/5	1	8	3
5	2	3	8/25	1	3	4	11	9	14
8	5	13/3	9	4	29	5	8	7	9
11	5	3	2	1	11/4	1	3	2	5
10	3	2	1	4	3/16	1	2	6	39
	20/29	8	9	3	14/11	5	9
11	18/10	8	3	7	10/11	4	1	5	29
7	4	2	1	4	3	1	12	7	5
24	7	8	9	13	7/16	1	6	11	4	7
	25	5	4	9	7		17	8	9
	22	6	9	7			14	6	8

Solution Puzzle 77

			11	4				22	23
	4▸ 3	1					14/28	5	9
	10/37 7	3	19	16	23	9	8	6	
	4/7 3	1	12	3	9	24/27	7	9	8
5▸1	4	25/14	9	7	5	4			
11▸6	5	16/8	9	7	17/16	9	8	44	5
	13▸7	1	5	17	9	8	12	8	4
	9▸6	3	34	9	7	2	4/12	3	1
	20/13 9	4	7	13	16	3	8	5	
5▸4	1	16	9	7	3/13	1	2		
11▸9	2	14/11	8	6	14/21	5	3	6	7
	6▸2	4	17/4	9	8	13	7	6	
	11 16/16	5	6	1	4	5/22	4	1	
9▸3	5	1	11▸3	8	17/14	8	9		
19▸7	9	3			15▸6	9			
3▸1	2				13▸8	5			

Solution Puzzle 78

			8	9	4				18	28
	13/17 6	4	3			15▸6	9			
	12/4 4	2	5	1	9	16	13▸5	8		
6▸1	5	8	4	16	7▸9	6/34	1	5		
19▸3	8	7	1	28/14	2	7	9	4	6	
	10 12/22 1	3	8	22	8/19	6	2			
11▸3	8		30▸6	9	8	7				
16▸7	9	18	15	23/24	6	9	8	23		
	44▸5	3	9	8	7	2	4	6	13	
	10▸2	1	7	10		16▸9	7			
	29/20 8	5	9	7	8	14/17	8	6		
	4/29 3	1	11	14/16	3	2	9	22	14	
31▸9	5	4	6	7	28	6	8	9	5	
9▸8	1	14▸5	9	7	14	16/9	7	9		
7▸5	2			28▸5	9	8	6			
16▸7	9			8▸2	5	1				

Solution Puzzle 79

		25	8				6	7
	10▸7	3	4		4▸1	3	44	
	17/6 9	5	3	24	12▸5	4	3	16
4▸1	3	3	1▸2	8	10	12▸5	7	
11▸5	6	15	6/14	1	3	2	17/23	8	9
	41▸6	2	4	5	8	9	7	
16▸ 22/42 9	5	8		14▸5	9			
9▸7	2	13/10	4	9		12/28	8	4	15
17▸9	4	1	3		16/23	6	1	2	7
3▸1	2		13	4▸9	14/4	6	8	
8▸5	3	7	9/13	3	5	1		
29/11 6	4	1	5	2	8	3	29	14
14▸6	8	23▸6	8	9	11	17▸8	9	
12▸5	7	9	4	9▸5	4	12/9	7	5
12▸9	2	1		21▸7	5	9		
10▸7	3			9▸4	5			

Solution Puzzle 80

		7	19				4	15	
	10/10 4	6		12/28 3	9	9			
7▸4	2	1		19/6 7	1	6	5	15	
10▸6	1	3	4/17 1	3	4	12▸3	9		
	27▸2	8	5	9	3	7/24	1	6	
	13 16/34 7	9	10/10 4	1	5	24			
17▸9	8		12/16 7	5	17▸9	8			
10▸4	6	10/21 7	3		3/13 2	1			
24▸7	8	9		23/9 9	8	6	17		
16▸9	7		9/35 5	4	10▸2	8			
6▸4	2	12/16 8	4	17	16/23 7	9			
16▸ 19/24 4	9	6	15/16 9	6					
16▸9	7	31▸7	5	9	8	2	23	4	
15▸7	8	6	16/17 9	7	17▸5	9	3		
26▸9	2	8	7		10▸3	6	1		
13▸4	9			15▸7	8				

Solution Puzzle 81

	12	15			9	13			29	13
17	9	8	9	17/22	8	9		8	2	6
23	3	7	2	6	1	4		16/9	9	7
	10/8	7	9	17	14	13/35	7	6	16	
9	7	2	41	7	8	6	5	2	4	9
4	3	1	3	23	9	8	6	15/9	8	7
	7	5	2	35	4	5	3	2	16	6
	8	11/16	1	7	3	28/8	8	7	9	4
14	5	9	24/17	8	1	6	9	9/14	7	2
27	3	7	8	9	11	2	4	5	19	
	5	14/22	9	5	12	8	16	9	7	4
3	1	2	13/16	4	7	2	24	11	8	3
41	4	8	7	2	5	6	9	5/16	4	1
	13/3	4	9		12	16/13	7	9	4	11
3	2	1		36	5	4	8	7	3	9
8	1	7		16	7	9		3	1	2

Solution Puzzle 82

	39	16				6	10		
17	8	9	24		4/16	1	3		
21/22	5	7	9	21/20	9	5	7	10	12
15	9	6	20	8	5	7		15/9	6	9
17	8	9	13	7	6	10	6/30	2	1	3
12	5	7	24	31	9	4	8	7	3
11	4	7	35	14	5	9		14	15
16	15/9	8	7	4	1	3	12/13	5	7
24	7	2	9	6	6	28	4	7	9	8
16	9	7	7	5	2	8	6	2	24
6	11/7	8	3	21	9	4	5	20
26/15	3	6	9	1	7	14	7	2	5
11	8	2	1	12/15	5	7	10	3	7
8	7	1	11	17/17	6	9	2	15/6	7	8
	21	4	8	9	13	5	2	6
	16	7	9			5	4	1

Solution Puzzle 83

	24	28		16	3				44	4
15	7	8	8	6	2		12/9	9	3
16	9	7	4/11	3	1		7	2	4	1
22	8	4	3	7		15	10/11	7	3	15
	16	9	7	9	17	9	8	17	8	9
	3	1	2	3/3	2	1	13/28	7	6
	25/30	3	1	4	2	9	6	17
9	14/38	8	4	2		22	8	5	9
12	2	3	7		3	16/10	6	2	8
22	7	6	9	23	8/24	1	2	5
	29/4	1	6	8	7	2	5	20
11	3	8	15	6	9	8	3	5	13
5	1	4	17/3	9	8		16/6	9	7	22
	6/4	5	1			15/14	3	6	1	5
14	3	9	2		11	9	2	10	2	8
3	1	2			6	5	1	12	3	9

Solution Puzzle 84

		12	8	4			4	34	
	17	8	6	3	12	3	1	2	16
7	12/37	4	2	1	5	15/14	3	5	7
10	3	7		4	16/9	7	9	15/34	6	9
6	4	2	9/8	3	6	22	5	8	9
11	5	3	1	2	15	11	7	4
13/15	8	5	8	1	7	14/9	6	8
16	7	9	31	14	17	8	5	4	35	11
21	8	6	2	5	14	27	4	9	6	8
	22/35	5	9	8	21		7/5	4	3
17	8	9	10	6	4	4/12	1	3
11	3	8	17	26	9	5	4	8	6
21/10	6	7	8	15/17	8	7	6	5	1
17	8	9	17/4	9	8	8	15	14/16	9	5
9	2	4	3	29	9	5	8	7
6	5	1		19	3	7	9

Solution Puzzle 85

		4	16					23	8
	6	1	5	4			12	9	3
6	13/45	3	9	1	24	5	11/6	6	5
6	1	5	24/8	2	3	6	4	1	8
9	5	3	1	6/16	3	1	2	45	
16/13	9	7	9	7	2	9/16	3	6	4
16	9	7	12	20	9	4	7	8	5	3
19	4	8	7	17/28	8	9	3/16	2	1
7/16	2	5	5/15	4	1	17	9	8	15
15	9	6	12	7	5	5	18	7	3	8
8	7	1	21/10	8	9	4	8/8	1	7
	6	4	2	3/15	2	1	5	1	4	3
	11/11	3	7	1	4	18/10	7	9	2
	26/17	1	5	8	7	3	2	8/15	7	1
16	9	7			17	1	7	9	
11	8	3			7	1	6		

Solution Puzzle 86

		26	5	10				7	27	
	21/15	9	4	8	9		5	2	3	
19	7	4	1	2	5	14	12/18	4	8	7
14	8	6	9	22	4	5	2	1	7	3
	12	7	5	16	16/17	9	7	13/3	9	4
	28	20/31	4	7	9	4	3	1	16	
9	4	5	17	9	8	10/3	5	2	3	25
17	9	8			3/14	2	1	4	1	3
14	8	6		9/35	8	1		15	6	9
10	7	3	13/11	7	6	3	13	8	2	6
	18	9	4	5	6	1	5	11/15	4	7
	11	15/28	7	8	19/17	2	8	9	12	
14	6	8	15/23	6	9	5	7	6	1	8
34	5	4	6	9	8	2	8	3/16	2	1
	17	9	8		28	3	5	9	4	7
	16	7	9		15	3	7	5		

Solution Puzzle 87

			15	34			8	44	
		24	7/10	6	1		13	7	6
	27/17	8	6	9	4	4	5	1	4	17
21	8	9	4	4	3	1	15	16	7	9
16	9	7		18/7	8	3	7	17/16	9	8
		3	1	2	18/9	8	7	3	
		12/14	2	7	3	11	9	2	16
	15	27/44	8	4	9	6		17/14	8	9
23	8	9	6		11	33	20/10	8	5	7
9	7	2	14	27	7	9	5	6	
	9	3	6	12/8	4	6	2		
	19/14	6	8	5	5/4	2	3		7	5
12	5	7	9	3	1	5		4/4	1	3
17	9	8	4	10	3	7	9/11	3	4	2
	8	5	3		13	3	7	1	2	
	5	4	1		5	1	4			

Solution Puzzle 88

			11	29				27	15
	16	20	15	8	7	7		12	4	8
12	7	5	9	3	5	1		16/19	9	7
17	9	8	22	14/11	8	6	11	3	8	
	25	7	6	3	9		7/5	1	6	
	17/10	9	8		6/27	4	2			
8/16	1	7		8/14	3	1	4	28	
10	7	3		16	7	9	16	9	7	13
11	9	2	27	10	2	8		10	4	6
	11	4	7	11/12	4	7		16/9	9	7
	10	4	5	1		10/8	2	8	
	16/11	9	7		4/25	3	1	20	
6	1	5		26/5	8	5	6	7	15
5/11	3	2	9	3	6	7	16	9	7
5	3	2		7	2	4	1	12	4	8
13	8	5		13	7	6			

Solution Puzzle 89

		13	30				10	23		
	16	9	7	7	4	14	6	8		
	13	4	6	2	1	13/21	4	9	23	
		23/30	8	5	3	7	11/16	6	5	6
	16/16	7	9		14	5	9	5	2	3
17	9	8			8/12	1	7	6	4	2
16	7	9	23	6	4	2	6	4/12	3	1
	15	6	9	26/16	8	6	1	2	9	
	13/23	6	7	32	8/7	5	3	27		
30/11	3	8	9	6	4	10	7	3	14	
5	3	2		11/3	8	3		13	8	5
6	1	5	5	1	4			16/29	7	9
16	7	9	11/20	2	9	17	17/9	8	9	
	10	4	6	26/15	5	8	6	7	9	
		12	5	7	19	9	3	5	2	
		17	9	8			16	9	7	

Solution Puzzle 90

		9	20				4	34		
17	8	9	5		12	3	9			
7	1	4	2	13	8	1	7	24	8	4
	15	7	3	5	29	26	8	9	6	3
		37	15/8	8	7	12/4	4	5	2	1
	16/17	9	7	19	8	1	6	4	37	
11	8	2	1	12/10	9	3	10	3	7	
16	9	7	8/39	3	5		8/5	2	6	
	18	6	5	7		9/10	3	1	5	16
	9	5	4		6/9	4	2	17/5	8	9
17	8	9	3/32	1	2	10	1	2	7	
8	23/6	7	5	8	3	13/11	4	9		
14	1	2	8	3	3	1	2	16	11	
25	7	4	6	8	4	19	9	7	3	12
		8	7	1		24	9	7	8	
		12	9	3			5	1	4	

Solution Puzzle 91

		38	16				4	12	28	6
	13	6	7			19/10	3	5	7	4
	14/16	5	9		16/17	3	1	4	6	2
15	7	8		16/9	9	7	3	2	1	
11	9	2	14/3	6	8		5	1	4	16
	9/5	4	2	3		16	13	9/15	2	7
6	2	3	1		33	7	5	4	8	9
12	3	9	21		23	9	8	6	38	
	8	1	7	17	10		9	5	4	13
	4	23/38	9	8	6			5/12	1	4
29	3	8	5	9	4		21/6	4	8	9
6	1	5	22			22/12	5	8	9	3
	15	9	6		4/10	3	1	6	5	1
	7/14	3	4	11/17	2	9		5/11	3	2
35	5	6	7	9	8		13	7	6	
29	9	7	5	8			6	4	2	

Solution Puzzle 92

		39	14		13	18			36	24
	10/7	4	6	14	5	9	8	16	9	7
19	4	7	8	16/13	4	7	5	17	8	9
4	3	1	11/22	5	1	2	3	11/16	3	8
	26	9	6	8	3		13/17	9	4	17
	17/17	8	9	7	4	23/8	3	7	5	8
40	9	5	7	2	3	6	8	16/9	7	9
10	8	2	17/6	5	1	2	6	3	38	
	4	3	1	6	11	13	15/4	6	9	3
	9	17/24	5	2	3	6	1	4/10	3	1
13	7	6	30/13	1	8	7	3	5	4	2
12	2	1	6	3		24	7/4	1	6	
	9/24	2	7	6	18/7	9	3	4	2	10
10	7	3	12	4	2	5	1	7/16	1	6
14	9	5	6	2	1	3	21	9	8	4
15	8	7		11	4	7	12	7	5	

Solution Puzzle 93

			39	13				6	45	
		17▸	8	9			4▸	3	1	
	7▸	6/5	2	4			11▸	2	9	14
7▸	2	1	4		16	12	8▸	1	2	5
15▸	5	4	6	15/4▸	7	8	10▸	16/12▸	7	9
		34▸	7	1	9	4	2	5	6	
	12/45	9	3		16/12▸	5	7	4	16	
	4/17▸	1	3	8/17▸	5	3	17▸	8	9	
16▸	9	7	15/15▸	8	7		10/35	3	7	
14▸	8	6	16/14▸	7	9	7/17	2	5	
	17▸	8	6	3	8	9/14▸	8	1		
	42/4▸	4	8	5	3	6	9	7	14	15
6▸	1	5	12	13▸	5	8	24▸	9	8	7
19▸	3	9	7			19/7	5	6	8	
	7▸	3	4			4▸	1	3		
	3▸	2	1			14▸	6	8		

Solution Puzzle 94

			21	7				28	39	
		6▸	5	1			13▸	7	6	
		15/23	9	6	16	10	9▸	4	5	
	11/9▸	4	7	9/15▸	7	2	15▸	8	7	
16▸	7	9	19/23▸	3	9	7	17/9▸	9	8	7
22▸	2	7	8	5	3	1	2	15/5▸	9	6
	10▸	3	6	1	8	10▸	3	2	4	1
		22▸	9	6	7	7/9▸	4	3		
		6▸	4/22▸	1	3	15	18			
	12▸	6/25	1	5	9	6	2	1	16	
26▸	9	4	5	8	10	20▸	5	9	6	14
5▸	3	2	16/11▸	9	7	29/9▸	7	8	5	9
	3▸	1	2	7	2▸	4	1	6/14▸	1	5
	10▸	7	3	6	1	5	7/14▸	3	4	
	11▸	6	5			16▸	9	7		
	6▸	5	1			9▸	5	4		

Solution Puzzle 95

		44	7		7	14				
	4▸	3	1	15/10▸	6	9		35	6	
	11/7	5	6	9/7▸	3	1	5	10▸	8	2
15▸	6	9	10/7▸	3	7		15▸	9/33	6	3
13▸	1	6	2	4		15/12▸	6	3	5	1
	13/15	8	5		30/8▸	8	9	6	7	
8▸	6	2		5/20▸	1	4	16/24▸	7	9	
16▸	9	7	16/34▸	9	7	15▸	7	8	44	
	13▸	4	6	3		20/15▸	8	9	3	16
	15/34▸	7	8	17/14▸	8	9	12▸	5	7	
	14▸	6	8	13/8▸	6	7		15/12▸	6	9
	30/10▸	7	9	6	8		16/12▸	9	7	15
17▸	3	8	4	2		17/16▸	5	3	2	7
5▸	1	4		15	16/16▸	9	7	17/7▸	9	8
15▸	6	9	22▸	6	9	7	6▸	2	4	
		16▸	9	7		13▸	5	8		

Solution Puzzle 96

		10	15		28	4			17	12
16▸	7	9	3	3▸	2	1	15/20▸	8	7	
10▸	3	6	1	8/12▸	5	3	21/9▸	7	9	5
	4▸	14/45	2	3	9	7	2▸	5	45	
10▸	3	7	3/15▸	2	1	21	7▸	8	6	13
24▸	1	2	6	7	8	12	16	16▸	7	9
	17/15	8	9	15▸	3	5	7	5/14▸	1	4
11▸	6	5	15		26▸	7	9	6	4	13
23▸	9	6	8	5	12		14▸	8	2	4
	15/4▸	3	7	1	4	38		17/4▸	8	9
5▸	1	4	18▸	4	8	6	12/9▸	3	9	5
12▸	3	9	18	17	15▸	3	2	1	5	4
	15▸	1	6	8	6▸	5	1	4/5▸	3	1
	6▸	16/5	7	9	19/13▸	9	6	4	12	10
8▸	1	2	5	12▸	4	8	6▸	1	3	2
8▸	5	3		16▸	9	7	17▸	9	8	

Solution Puzzle 97

	4	9			18	14		22	15	
8	3	5	5	16	7	9	17/16	9	8	
7	1	4	2	31/17	2	5	9	8	7	
	9	6/45	3	2	1	12/7	7	5	45	17
17	8	9	15/4	7	3	5		9	1	8
25	1	6	3	8	5	2	13	14/16	5	9
	5/13	4	1			24/5	9	7	8	
7	4	3			22/14	3	4	9	6	10
16	9	7	17	10/9	8	2		11	3	8
	26	8	9	3	6		6/11		4	2
	16/5	2	8	6	8	29	14/16	5	9	12
3	2	1		39	5	9	4	6	7	8
8	3	5	19	18/16	3	8	7	6/17	2	4
		17/17	8	9	17/17	3	5	9	9	17
	33	8	4	7	9	5	22	8	5	9
	16	9	7	12	8	4		12	4	8

Solution Puzzle 98

		14	10		29	10		34	7
5	6/25	5	1	15/13	8	7	7	5	2
42	4	8	9	5	6	7	3	13/17	8	5
6	1	5	14/12	4	7	3	12/11	8	4
	4	1	3		28	4	8	9	7	11
	12/9	3	9		4/17	1	3	4	1	3
3	1	2	14/10	8	6		14/16	6	8
14	8	6	16/10	7	9		12/15	9	3
	5/34	2	3		13/8	6	7	33	15
	10/4	2	8	14/35	5	9	8	2	6
5	1	4	4/14	1	3		17/14	8	9
4	3	1	15/8	9	6		10	6	4
	23	8	3	5	7	4	15/21	8	7	9
	12/8	7	5	14/12	4	3	7	16/13	9	7
5	2	3	29	4	8	1	5	6	3	2
15	6	9	17	8	9	16	9	7	

Solution Puzzle 99

		21	10			7	45	
	16	9	7		3	3/14	2	1
	4	11/10	8	3	12/4	1	2	5	4	12
11	1	6	4	6/14	1	2	3	14/6	9	5
4	3	1	11/18	8	3	21	4	2	8	7
	9	3	4	2	17	15/13	5	3	7
	27/45	9	4	8	6	4	1	3	16
	12/4	7	5	16	9	7	9	2	7
3	1	2		12	3	15/12	6	9
12	3	9	22	11	9	2	9/7	4	5
	12	3	9	10/30	3	1	4	2	18
	21/17	6	8	7	17/13	2	6	9	12
20	8	1	5	6	5/15	4	1	5/23	2	3
17	9	8	24/4	8	7	9	22/16	6	7	9
	25	5	3	9	8	16	7	9	
	5	4	1		17	9	8	

Solution Puzzle 100

	34	23		23	6		43	11
16	7	9		8	6	2	15	7	8
12	4	8	18	11	8	3	4/30	1	3
12/16	5	6	1	19/11	5	1	9	4
16	7	9	12	5	3	4	14	6	8
12	9	3	10/17	2	8		10	7	3
17	6	8	3	17		17	8	9	3
14	24/36	9	7	8	15		8	6	2
15	8	7		16	9	7	26	6/17	5	1
8	6	2	16		19	8	2	9	29
	9	4	5		20/4	7	8	5	13
	8	5	3	6/30	1	5	5	1	4
4	3	1	17/11	6	3	8	16/10	7	9
	28/5	8	7	4	9	19	4	6	9
4	3	1	8	1	7		7	3	4
8	2	6	14	6	8		4	1	3

Solution Puzzle 101

			14	16				3	15	
		16	9	7	15		8/12	2	6	
	28	21/44	5	9	7	8/16	2	1	5	6
10	8	2		19	8	7	4	7	3	4
15	7	8		9	14/6	9	5	3/8	1	2
16	9	7	3/8	2	1	4/10	1	3	37	11
33	4	6	3	7	5	8	20/11	5	7	8
	9	5	4	10	5	2	3	4/22	1	3
	13/3	3	1	9	12	22	8	9	5	
10	1	9	5/10	1	4	11	16/5	7	9	21
7	2	4	1	32/27	8	9	4	6	2	3
	12	16/26	9	7	3/15	2	1	15	6	9
10	4	6	12	5	7	10		12	4	8
17	8	9	24/17	9	8	7	6	4/5	3	1
	21	7	8	6	10	3	5	2		
	13	4	9			4	1	3		

Solution Puzzle 102

		6	30		22	15			42	4
	8	1	7	12	5	7		5	4	1
	14	5	9	17/18	9	8		11/15	8	3
		18/14	6	4	8		16/10	7	9	
	21/8	7	8	6	8	21/4	6	8	7	24
6	2	4	17	8	2	3	4	12	5	7
8	6	2	9	7	6	1	12	15/14	6	9
	3	1	2	6		27	9	7	3	8
	20	10/34	6	4		4	3	1	30	
13	7	3	1	2	12	7	15	6	9	11
7	5	2		4/17	3	1	24	17	8	9
9	8	1	30/10	8	9	6	7	8/17	6	2
	24	8	7	9		24/19	9	8	7	
	12/9	9	3		18/14	6	8	4	6	
6	1	5		17	8	9	8	3	5	
14	8	6		10	6	4	3	2	1	

Solution Puzzle 103

		35	14				17	11		
	17	8	9		14/16	8	6	16	14	
	12/4	7	5		32/16	8	9	5	4	6
6	1	5		15	9	6	13/13	5	8	
12	3	9	22	9	7	2	12/13	5	7	
	13	6	7	10	13	6/7	5	1	28	
	42/15	6	4	5	3	8	7	9	14	
	34/9	7	9	6	8	4		13	8	5
8	6	2		8	14	10	16/19	7	9	
4	3	1	14	32/13	5	8	6	9	4	
	42	5	9	8	3	6	4	7	35	
	7/8	2	5	22	11	11	3	8	16	
	4/17	1	3	8	6	2	13	6	7	
12	9	3	11	16/10	7	9	16/15	7	9	
33	8	4	5	7	9		17	8	9	
		9	6	3			12	7	5	

Solution Puzzle 104

	16	22			17	16			28	15
13	7	6		11	4	7	15	12	4	8
16	9	7	7	23/11	6	9	8	16/14	9	7
	26	9	2	8	7	21	7	6	8	
	4/34	1	3		9	15/25	8	7		
	11/13	7	4		14	8	6		28	11
16	7	9		33	3/7	1	2	5/5	1	4
14	6	8	12/15	7	5	21/17	8	2	4	7
	36/11	1	6	4	2	8	5	3	7	16
26	8	4	9	5	13/16	9	4	16	9	7
8	3	5	17	8	9		14/19	5	9	
	15	16/11	9	7		10	8	2		
	10	3	7	9		14/20	9	5	23	
	11/11	5	4	2	30/7	7	8	6	9	6
14	8	6	15	7	3	5		12	8	4
4	3	1		12	4	8		8	6	2

Solution Puzzle 105

	23	25		7	20		27	3		
16	9	7	6	1	5	11	9	2		
17	8	9	15	6	9	5/11	4	1	44	7
11	6	5	19	17	6	3	8	15/8	9	6
	10	4	6	4	22	8	6	4	3	1
	12/44	9	3	10	3	5/7	1	4		
36/23	8	4	1	7	2	5	3	6		8
14	8	6		6	3	1	2	5	2	3
10	6	4		14	12	15		6	5	1
16	9	7	23/12	6	8	9	12	12/22	8	4
	42	2	1	8	4	6	5	9	7	
	8/6	5	3	14	11	15	7	8	30	
21	5	3	8	1	4	16	13	5	8	6
10	1	9	16/9	4	7	5	16	9	7	2
		3	1	2	10	3	7	7	6	1
		15	8	7	17	8	9	12	9	3

Solution Puzzle 106

	38	8			21	7	36			
12/4	7	5		15/13	4	2	9	13		
9	1	5	3	35	6	8	5	7	9	
12	3	9	11	8	16	7	9	6/3	2	4
	24	8	9	7	13	4/8	1	3		
	12/9	4	2	1	5	11/4	1	2	8	11
6	4	2	10/9	2	1	7	4/11	1	3	
8	5	3	11/17	2	6	3	23/13	9	6	8
	6	16/36	9	7	9	7/24	5	2	37	16
20	5	7	8	24/8	7	9	8	13	6	7
5	1	4	14/16	5	2	7	17	11/9	2	9
	11	1	7	3	24	8	9	4	3	
	14/4	5	9	17	14	22	8	5	9	16
11	3	8	14/10	6	8		15/16	8	7	
16	1	2	4	3	6	20	7	4	9	
	23	9	6	8		14	9	5		

Solution Puzzle 107

	7	20				3	15			
15	6	9	9		9	1	8	14		
8	1	2	5	5	17	2	7	8	28	
	7/6	1	4	2	18	6	8	6	2	17
9	4	5	15	3	8	4	8	12	3	9
5	2	3	10/17	3	2	5	9/11	1	8	
		40	16/29	9	7	12	3	2	7	
	24	7	9	8			8	3	5	
	9	2	7				11/8	5	6	
	13	5	8	15		7/19	2	1	4	
	20/14	6	5	9	14/13	8	6		32	16
17	9	8	21	6	8	7	7	13	6	7
8	5	3	4	12	5	4	3	17/4	8	9
	12	9	3	17	13	10	4	1	5	9
		17	1	9	7	9	3	4	2	
			14	8	6		16	9	7	

Solution Puzzle 108

	13	9			22	11			17	16
7	4	3	23	17	9	8	7	13	6	7
23	9	6	8	10/11	6	3	1	17/12	8	9
	19/44	9	3	7	10	2	5	3		
	12/20	4	6	2	9	11	4	7	38	7
6	4	2	3	1	2	12	9	9	5	4
17	9	8	12	5	1	4	2	4/17	1	3
16	7	9	12	33	6	8	7	9	3	
	8	3	5	3	4	22	10	8	2	19
	24/3	6	7	2	1	8	14	16	9	7
6	1	5	11	1	3	5	2	12	8	4
9	2	7	10	23	16	9	7	14/17	6	8
	11/16	3	8			8/23	1	3	4	
	21/14	5	7	9	18/15	8	4	6	16	8
16	9	7	23	6	8	9	23	8	9	6
9	5	4		13	7	6		9	7	2

Solution Puzzle 109

	11	38		9	16		24	44	
12▶	4	8		14/9	5	9	10▶	8	2
16▶	7	9	14/17	3	4	7	13/9	7	6
18/10	3	9	6		18/6	6	9	3	7
19▶	6	5	8		4/11	1	3	6/6	4	2
10▶	4	6	5	11/24	6	5	16▶	2	9	5
23▶	7	3	8	5	9▶	12/22	4	8	4
13▶	7/41	2	5	17/8	8	9	10▶	7	3
5▶	4	1	10▶	4	3	1	2	6/17	5	1
16▶	9	7	12/9	7	5	16/15	7	9	39
9/13	6	3		27/10	9	4	8	6	10
23▶	8	9	6	8/16	2	6	12/14	9	3
8▶	5	3	17/21	9	8		24/14	9	8	7
20▶	5	8	7	11▶	17/17	8	5	4	4
6▶	2	4	22▶	7	9	6	10▶	7	3
17▶	8	9	12▶	4	8		6▶	5	1

Solution Puzzle 110

		23	13		4	8		
	11/45	6	5	9/14	3	6	7	
20▶	3	9	8	13/24	6	1	2	4	9
10/3	2	8	17/21	9	8		4/5	1	3
6▶	1	5	16▶	9	7		12/9	4	2	6
8▶	2	6	13/23	5	8	4/11	3	1	45	6
22▶	9	6	7	9/25	3	6	7	3	4
16▶	7	9	6▶	4	2		3/14	1	2
12/5	4	8	8▶	7	1	12▶	7	5
3▶	2	1	13/10	8	5	5/23	1	4
11▶	3	8	9/12	3	6	23/6	8	6	9	15
12▶	12/7	5	7	11▶	2	9	13▶	7	6
19▶	8	4	7	9/13	3	6	17/24	8	9
5▶	4	1	14▶	8/7	7	1	11/17	9	2
14▶	2	5	1	6	23▶	9	8	6
	15▶	9	6		15▶	8	7	

Solution Puzzle 111

			12	13			24	23
		17/17	9	8		16▶	7	9
	12/20	8	3	1	12▶	17▶	9	8
16/10	7	9	12▶	4	8	13▶	9/20	3	6
15▶	7	8	7▶	19/32	4	7	3	5
8▶	3	5	15/15	6	9	15▶	6	9	23
	15/30	8	1	6	29	14▶	8	6	14
16/6	9	7	13▶	5	8		16▶	7	9
11▶	4	7	14▶	8	6	7/16	2	5
10▶	2	8	24▶	6▶	4	2	17/8	9	8
	15▶	6	9	14▶	19▶	9	3	7	18	17
	13/28	8	5	9/13	4	5	16▶	7	9
28/19	8	7	9	4	23▶	13/5	5	8
16▶	7	9		17▶	9	8	9/11	3	6
15▶	9	6		12▶	6	4	2	
8▶	3	5		16▶	9	7	

Solution Puzzle 112

		14	13	9		45	8
	24/9	9	7	8	19	13▶	8	5
	23/24	2	5	6	1	9	4/19	1	3
16/14	9	7		22/4	7	6	9
16▶	9	7	3▶	14/8	1	3	4	6
13▶	5	8	10/15	2	5	3	5▶	3	2
	12/45	8	1	3	13▶	9/7	5	4	6
16/16	9	7	13▶	19/16	4	2	1	7	5
17▶	9	8	29/33	8	7	9	5	4/7	3	1
33▶	7	4	8	5	9	4▶	11/11	6	5
8▶	3	5		11/3	3	7	1	13▶	6
15▶	6	9	7/22	2	1	4	14▶	9	5
14▶	2	4	7	1		4/9	3	1
21/11	5	7	9	10▶	7	7/16	6	1
4▶	3	1	19▶	6	2	1	7	3
15▶	8	7		23▶	8	6	9	

Solution Puzzle 113

		16	15				15	4		
	10/7	4	6			11	8	3	45	
22	6	7	9		16	11/30	7	1	3	18
4	1	3	9	15/4	7	8	4	15	8	7
	28	2	7	3	9	6	1	8	6	2
	6	3/45	2	1	10/21	7	3	16/14	7	9
3	1	2		17/17	8	9	3	2	1	
9	5	4	16/17	9	7	13	8/5	3	5	
	44	7	5	8	6	3	2	9	4	15
	10	6	4		4/26	1	3	9	2	7
	17/6	9	8	17/6	8	9	3	17/10	9	8
11	3	8	4	1	3	8/5	2	6	10	
5	2	3	21	5	6	2	1	4	3	5
6	1	5	17	12/11	9	3		3/10	2	1
	13	1	8	4			7	2	1	4
		16	9	7			12	8	4	

Solution Puzzle 114

		25	6				17	29		
	9	4	5			16	9	7	44	
	4/15	3	1		22	16/16	8	5	3	
14	8	6		13	6	7	12	8	4	
12	7	5	15	16/7	7	9	11	9	2	20
	29	7	8	5	9		15	13/16	7	6
	6/38	4	2		26/16	7	9	6	4	
	9/24	6	3		32/14	9	8	7	5	3
17	9	8	15	12/16	5	7		16/18	9	7
27	2	1	8	7	9		12/16	4	8	
26	8	2	7	9		15/24	7	8	31	
8	5	3	15		28/12	8	9	6	5	10
	6	5	1	17	8	9		14	8	6
	16	9	7	11/16	4	7		13/14	9	4
	18	4	5	9			16	9	7	
		9	2	7			7	5	2	

Solution Puzzle 115

		12	16				10	17		
9	8	1	3			17/15	8	9	19	
7	4	2	1		24/16	9	2	8	5	15
	8/3	6	2	13/30	7	6		14/15	8	6
6	2	4	17/17	8	9		22/13	7	6	9
13	1	3	2	7		9/16	1	8		
		10	1	9	13	9	4	30	14	13
	14	9/13	3	6	27	7	8	2	6	4
23	8	9	6	10	4		22/10	5	8	9
18	6	4	5	2	1	10	1	9		
		4/16	1	3	9	3	6	26	17	
	8	16/20	9	7		24/4	4	8	3	9
22	6	9	7		3/10	1	2	10/14	2	8
8	2	6	10	7/16	4	3	17	8	9	16
	26	5	8	7	6		17	6	4	7
		11	2	9			17	8	9	

Solution Puzzle 116

		34	16				23	45		
	17	8	9	9			15	8	7	
	22/17	9	7	6	9	4	13	9	4	
12	8	4	11	3	7	1	8/6	6	2	17
16	9	7	16	10	2	3	5	9/3	1	8
	10	6	4	16	14	15	1	2	3	9
	24/45	7	9	8		7	1	6	3	
	27/11	9	5	7	6		9	8	1	
4	3	1			14	6	11/15	9	2	
13	8	5	10		25	9	4	7	5	
	14/14	6	8	8	13	5	2	6	21	
11	5	3	2	1	11	15	3	2	1	12
16	9	7	24/7	7	8	9	9	5	2	3
	6	2	4	16	3	6	7	17/14	8	9
	10	8	2			10	2	5	3	
	5	4	1			16	9	7		

Solution Puzzle 117

	14	31		8	4			43	15
10▸ 6	4	[7/9] 6	1	10▸	[16/17] 9	7			
17▸ 8	9	[39/4] 4	2	3	7	9	6	8	
14	8	1	5	12▸ 3	8	1	16		
[5/17]	2	3	11	16	[11/14] 4	7			
11▸ 8	3	[6/5] 2	4	[20/14] 6	5	9			
14▸ 9	5	[37/12] 4	9	3	6	8	7	5	
6	[4/44] 3	1	17▸ 9	8	[5/10] 3	2			
22▸ 5	8	9	11	23	[15/9] 4	8	3		
10▸ 1	9	[17/17] 9	8	[9/5] 3	6	38	16		
[34/13]	5	8	2	9	4	6	12▸ 3	9	
24▸ 8	7	9	7▸ 6	1	[15/14] 8	7			
7▸ 5	2	9	8	[11/13] 5	6				
[6/15]	3	1	2	15	[24/6] 8	9	7	9	
41▸ 7	4	8	6	9	2	5	7▸ 5	2	
14▸ 8	6	10▸ 6	4	16▸ 9	7				

Solution Puzzle 118

	17	15			16	6		29	6
13▸ 9	4	12▸ 7	5	11▸ 9	2				
10▸ 8	2	18	[6/8] 5	1	6	5	1		
3▸ 1	2	[6/14] 2	4	[10/23] 7	3				
23▸ 8	4	5	6	[17/4] 9	8				
[16/19]	7	9	[7/12] 1	6	34				
[7/23]	2	5	4	[21/22] 4	3	8	6	23	
7▸ 6	1	8▸ 3	4	1	16	10▸ 4	6		
16▸ 9	7	16▸ 1	6	2	7	16▸ 7	9		
13▸ 8	5	9	[21/12] 7	5	9	[17/30] 9	8		
14▸ 4	2	3	5	[17/10] 9	8				
[15/10]	6	9	[11/15] 4	7	19				
[4/14]	3	1	[26/13] 7	6	8	5			
4▸ 3	1	[12/16] 4	8	14▸ 6	8	4			
8▸ 6	2	9▸ 7	2	7▸ 4	3				
9▸ 5	4	16▸ 9	7	3▸ 2	1				

Solution Puzzle 119

	14	24			13	33			
6▸ 5	1	16	14	10▸ 4	6	10	4		
30▸ 9	6	7	8	17▸ 9	8	[3/10] 2	1		
[20/5]	5	9	6	[26/15] 9	6	8	3		
3▸ 1	2	[11/11] 7	3	1					
11▸ 4	7	23	[24/10] 6	8	7	3	6	10	
15	3	6	1	5	12	29	6▸ 2	4	
[11/7]	8	3	[16/4] 7	9	[7/20] 1	6			
[39/7]	2	9	4	1	5	8	7	3	
3▸ 2	1	5▸ 2	3	[16/6] 7	9	22			
9▸ 5	4	10	34	[14/6] 2	5	4	3	16	
19▸ 1	9	5	4	14▸ 5	9				
11	[12/5] 3	8	1	6	[9/8] 2	7			
25▸ 8	4	6	7	4	10▸ 4	5	1	3	
4▸ 3	1	9▸ 6	3	13▸ 2	3	7	1		
5▸ 4	1	6▸ 4	2						

Solution Puzzle 120

			16	17			42	24	
12	20	[11/16] 9	2	10▸ 3	7				
4▸ 3	1	[22/13] 9	7	6	4	15▸ 6	9		
30▸ 9	6	8	7	4▸ 3	1	[12/9] 4	8		
[7/3]	2	5	[17/10] 5	3	2	7			
8▸ 1	7	[5/24] 4	1	16▸ 7	9	3			
6▸ 2	4	[14/21] 8	6	[9/19] 8	1				
14	5	9	[13/9] 6	5	2				
6	[16/34] 9	7	12▸ 4	8					
16▸ 5	4	7	[8/7] 3	5	22	15			
4▸ 1	3	8	[5/21] 3	2	16▸ 7	9			
4▸ 1	3	[7/8] 3	4	[11/6] 5	6				
[26/23]	7	5	6	8	[4/11] 1	3	12		
14▸ 6	8	6▸ 2	4	[28/5] 8	5	6	9		
15▸ 9	6	6▸ 1	2	3	4	4▸ 1	3		
13▸ 8	5	8▸ 5	3						

Solution Puzzle 121

			15	23					34	14
	13/44	7	6	8			16	7	9	
23/7	5	8	9	1		11	9/17	4	5	
9	3	6	15	8	7	23/10	6	9	8	16
12	4	8	4	6	35/12	7	5	8	6	9
20	4	1	5	7	3	3	16/8	9	7	
11/4	2	3	1	5	6/8	1	5	36		
4	1	3		10/13	1	2	3	4	11	
12	3	9	4	16/3	9	7		4	1	3
15	7	3	1	4	15	16	14/9	6	8	
12	3/17	1	2	30/16	9	7	6	8		
16	9	7	4	30/10	7	6	9	3	5	15
25	3	4	1	8	9	9	21	16	7	9
6/6	1	3	2	16	7	9	8/4	2	6	
4	1	3			11	2	5	1	3	
7	5	2			10	7	3			

Solution Puzzle 122

	24	7				36	15		
4	1	3			15/15	9	6		
6/23	2	4		6	21/17	8	4	9	
16	9	7		21	1	8	7	5	26
14	8	6	12/33	3	9	9	3	6	
9	6	3	6/15	4	2	12	8	4	14
22	5	8	9	16	21/35	7	9	5	
12	7	5	15/15	7	8	16	7	9	
5	11	28	8	6	9	5	17		
6	4	2	16/25	7	9	16	7	9	38
10	1	3	6	24/14	9	8	7	8	
12	5	7	10/17	4	6	6	5	1	
5	1	4	15/13	8	7	13	9	4	
19/16	2	5	9	3	9/5	6	3		
22	9	5	8	4	1	3			
8	7	1		12	4	8			

Solution Puzzle 123

	23	22				10	15		
17	8	9			14/16	6	8	10	7
8	6	2		29/13	9	4	7	6	3
16	9	7	16	11/11	4	7	5/15	1	4
22	4	6	3	9	8/17	5	3		
3	2	1	16	9	7	24	3		
6/28	4	2	20	18/11	8	3	5	2	
27	8	3	5	7	4	4/19	3	1	
12	5	7	16	31/16	9	5	4	6	7
25	6	9	3	7	4	3	1		
17/13	8	9	5/12	1	4	20			
14/3	9	5	23/12	4	9	3	7	23	
4	1	3	16	17/9	9	8	8	2	6
18	2	1	7	5	3		11	3	8
	13	9	4			17	8	9	

Solution Puzzle 124

	13	11		17	24			14	7
4	1	3	16	9	7	16	12/31	9	3
11/14	3	8	39	8	9	7	6	5	4
15	8	7	32	9	22	8	9	5	31	9
15	6	2	3	4	4	8	3	4	1
15/42	7	5	3	6	24/4	9	7	8	
12	3	9	18	1	4	3	8	2	11
14/5	6	8	3	2	1	3/23	1	2	
16	3	8	5	3	4	23	6	8	9
6	2	4	3/22	2	1	7	4	1	3
15/11	5	4	1	3	2	9/16	3	6	
15	5	7	3	22	5	9	8	26	15
23	6	9	8	13	24	29	7	5	9	8
17	14/11	2	4	8	13	13/17	6	7	
38	8	3	5	9	7	6	16	9	7
17	9	8		16	9	7	12	8	4

Solution Puzzle 125

	31	16		12	6			41	23
10/16	3	7	4	3	1		14	6	8
20	7	4	9	7/9	2	5	8	2	6
17	9	8	4/13	3	1		17/6	8	9
27	7	9	5	6		14/14	5	9	
7/12	2	4	1	7/13	2	1	4	17	
15	9	6	15	13	7	6	16	7	9
11	3	1	7	14 5/6	4	1	13/17	5	8
16	33/41	8	6	3	2	5	9	42	5
15	7	8	6	5	1	20	8	9	3
14	9	5	3/4	1	2	20	9/12	7	2
10	7	1	2	21/18	9	7	5		
5/22	2	3	20	4	8	5	3	17	
15	9	6	4/12	1	3	13/13	4	9	
17	8	9	17	9	8	18	4	6	8
9	5	4	8	3	5	17	9	8	

Solution Puzzle 126

	42	4		31	8		23	6
5	2	3	8 5	4	1 5	4	1	
12/30	8	1	3	16/11	9	7	13/3	8 5
13	9	4	9	5	1	3 4	1	3 4
11	6	5	10/4	3	7 6	2	1	3
14	8	6	16	3	5	8 16	6/25	5 1
16	7	9	3/27	1	2	18/16	9	7 2
5	1	4	21/12	9	7	5	42	
15	7	8	15/15	8	7	14	9	5
21/37	9	8	4	29	6/8	4	2	13
22/7	9	6	7	14/33	9	5	11	7 4
5	1	4	13	15	7	5	3 4	1 3
23	6	8	9	11	4	7 7	14	9 5
7/16	3	4	23/4	9	8	6	5/9	4 1
16	9	7	11	3	8	10	1	3 6
13	7	6	6	1	5	14	6	8

Solution Puzzle 127

	9	27		16	12			40	13
14	5	9	15	7	8	11	14	17	8 9
9	3	6	25	9	4	7	5	11/17	7 4
6	1	5	33	23/8	1	9	7	6	
16	7	9	5/16	2	3	3	1	2	
23/7	8	9	6	14	9	5	6		
16	5	4	7	8	13	14	9	5	
9	2	7	17	5/13	1	4	4/34	3	1
10	39/42	5	8	6	7	9	4	16	
11	3	8	16	9	7	17/15	8	9	
16	7	9	22	24/3	8	9	7		
10	4	6	15/15	2	7	6	27		
14	5	9	4/15	3	1	16	7	9	24
21/4	3	7	6	5	12	17	17	8	9
7	1	6	29	9	7	5	8	13	6 7
10	3	7	16	7	9	12	4	8	

Solution Puzzle 128

	44	13		23	20		37	4
16	7	9	16	9	7	3	2	1
4	3	1	13	12/10	8	4	11/38	8 3
41/24	2	3	5	1	6	9	8	7
12	7	5	17	8	9	16	7	9 5
14	8	6	17	16	14/11	5	6	3
17	9	8	17/42	8	9	14	3	4 5 2
25	4	5	9	7	17	8	9	41
17	9	8	6	17	10/13	3	7	
5	14/37	9	5	25	8	6	2	9 21
11	2	5	3	1	16	9	7	15 6 9
9	3	2	4	10	4	5	1	4
15	8	7	20	3/14	2	1	11/9	3 8
44/9	7	6	9	4	8	3	2	5
16	7	9	17	8	9	12	4	8
8	2	6	4	3	1	5	3	2

Solution Puzzle 129

Solution Puzzle 130

Solution Puzzle 131

Solution Puzzle 132

Solution Puzzle 133

	8	45				12	17			
11▸	5	6			14/8	5	9	16	20	
3▸	2	1		29/7	2	7	8	9	3	
5▸	1	4	4/8	3	1		12▸	7	5	8
	19▸	8	2	4	5	14	13	14▸	8	6
8/19	3	5	6	17	8	9	6/12	4	2	
10▸	3	2	1	4	17/4	6	4	7	45	
14▸	9	5	3▸	2	1	7	9	5▸	4	12
16▸	7	9	11	7	3	4	15	10	7▸	3
	9▸	7	2	16	9/9	3	6	3/17	2	1
6	22/20	9	7	6	30	9	7	6	8	
6▸	1	5	12	9	3	15	15/6	6	9	
13▸	5	8	16		26	9	5	4	8	7
	13▸	4	9	8	3/4	2	1	9	5	4
	17▸	3	7	2	1	4		4	3	1
			9	6	3			3▸	1	2

Solution Puzzle 134

	20	23				12	18			
12▸	8	4			4/12	3	1	34		
8▸	5	3		28/17	5	9	8	6	9	
16▸	7	9	8	10▸	8	2	21/3	9	7	5
	12▸	7	5	12/3	9	1	2	5	4	1
	9▸	4/24	3	1	5/26	4	1	12/22	9	3
10▸	2	8	11▸	2	9	13	14/15	6	8	
16▸	7	9	9	26/13	6	4	9	7	23	
	44▸	7	2	5	4	3	6	9	8	16
	20/21	4	8	7	1	16	15	6	9	
	5/6	2	3	5	14/17	5	9	16/9	9	7
4▸	3	1	3	1	2	13/4	7	6	12	
7▸	1	6	13/7	4	6	3	8	3	5	12
15▸	2	9	4	6/12	5	1		3	2	1
	15▸	3	1	7	4			4	1	3
		7	2	5				12	4	8

Solution Puzzle 135

		12	21	22				23	5	
	23▸	8	9	6			8	6	2	
	10▸	21/29	4	8	9		11/11	8	3	
7▸	2	5	6	4	2	6	17/3	8	9	
10▸	3	7		11▸	5	2	1	3	23	6
14▸	5	9	22		5/24	3	2	8	6	2
	12▸	8	4	9/6	8	1		12/30	8	4
		20▸	7	4	9	9	17/7	8	9	
		27/22	5	2	7	3	4	6		
	11/12	5	6		14/21	2	3	9	29	
14▸	5	9		11/15	7	4	15▸	7	8	21
15▸	7	8	17/11	8	9	26		17▸	9	8
	27/11	6	7	5	9	24	13▸	7	6	
	8/14	3	5		17▸	8	9	12/15	5	7
16▸	9	7			23▸	6	8	9		
6▸	5	1			16▸	3	7	6		

Solution Puzzle 136

	13	24				31	16			
16▸	7	9			17▸	8	9			
14▸	6	8	22		9/14	2	7	16	20	
	13▸	7	6	17	12/30	5	7	14	6	8
	30/6	7	3	6	9	5	10/26	3	7	
26/14	3	9	6	8	22▸	9	6	2	5	
6▸	5	1	8	1	7		4▸	3	1	
11▸	9	2	11/26	2	9		13/32	9	4	
	12/19	7	5		17/29	9	8	23	12	
10▸	2	8		14▸	8	6	16	9	7	
8/19	3	5	31	16▸	9	7	13/13	8	5	
22▸	7	5	6	4	18/6	7	2	3	6	
4▸	3	1	23▸	7	1	5	8	2	21	
17▸	9	8	14/4	9	5		15▸	8	7	16
	11▸	3	8				16▸	9	7	
	4▸	1	3				14▸	5	9	

Solution Puzzle 137

	6	27		20	15			16	9	
7	1	6	9	3	6	14	7/16	1	6	
11	3	8	37/8	8	9	6	7	4	3	
16	2	4	1	9	19	8	9	2	42	
	11	9	2	16	11		14	6	8	
	35	18/41	5	7	6	24	7	3	4	34
9	5	4	22	9	5	8	8	10	6	4
12	7	5		7	16/9	9	7	16	7	9
16	9	7	13	3	2	7	1	12	5	7
8	6	2	5	4	1	7	3	17	9	8
14	8	6	31	13	6	5	2	9/20	3	6
	13	8	5		11	2	1	8	25	
	12	9	3	10	4		17/22	9	8	24
	12/16	9	2	1	23/16	9	3	4	7	
	38	9	6	8	3	7	5	14	6	8
	15	7	8		17	9	8	16	7	9

Solution Puzzle 138

	7	28		16	22			11	25	
11	2	9	15	7	8	10	14	8	6	
12	4	8	23	9	6	8	10	3	7	16
7	1	6	11	7/16	5	2		11/6	4	7
	17	5	2	7	3		22/8	5	8	9
	15/20	6	9		3/29	2	1			
	12/16	9	3		6/27	5	1	15		
13	7	6	9	29	8	7	5	9	20	14
21	9	5	7	12/23	3	9	21	6	7	8
	25	2	6	9	8		10/24	4	6	
	16/16	9	7		17/8	8	9			
	11	15/30	7	8		12/28	3	9	30	
23	6	8	9		29/13	9	5	7	8	22
14	5	9	14	10	4	6	16	11	6	5
	14	6	8	21	9	5	7	16	7	9
	13	7	6		17	8	9	17	9	8

Solution Puzzle 139

	17	37			24	11		6	38	
14	9	5		14	9	5	13	4	9	16
15	8	7	17	10/16	7	3	17	2	6	9
	24	2	9	4	8	1	12	8/3	1	7
	22/16	9	8	5	11/21	2	5	1	3	
13	7	6	16	7	9	13/4	7	2	4	16
17	9	8	11	11/16	8	3		17	8	9
	15/43	3	7	4	1	4	9/3	2	7	
	23/4	6	8	9	8	8/8	1	2	5	
11	3	8		10	2	4	3	1	30	5
6	1	5	16	9/6	6	3	13	10	6	4
	21	7	9	5	8/28	1	7	3/14	2	1
	19/5	3	7	1	8	11/22	2	5	4	
12	3	9	13	32	6	5	4	9	8	9
8	2	1	5	17	9	8		16	9	7
	12	4	8	14	5	9		3	1	2

Solution Puzzle 140

			13	14		22	21		3	12
	10/36	4	6	8	6	2	8/19	1	7	
	22/16	5	9	8	18/17	7	1	3	2	5
17	9	8	30/29	8	9	6	7			
10	7	3	16/12	7	9	13/15	4	9	6	12
	24/7	7	9	8	13	8	5	9/6	1	8
13	1	4	3	5	17/3	7	3	1	2	4
15	6	9	11	9	2	10	8	5	3	
	15	4	5	1	4	28		23	11	
	8/4	5	3	31	14/5	6	8	4/14	1	3
18	3	8	1	2	4	25	5	9	3	8
3	1	2	6/8	5	1	19/15	6	5	8	14
	3	2	1	17/14	8	9	11	5	6	
	16	17/12	1	6	3	7	6	10/12	2	8
33	7	8	5	9	4	18	5	9	4	
13	9	4	15	8	7	4	1	3		

Solution Puzzle 141

		45	17				5	10	
10▸	7	3			3▸	2	1		
17/13	8	9	4	7	8	3	5	12	
17▸ 3	6	5	1	2	30	12▸4	8	3	
17▸ 8	9	16▸3	4	9	4/9	3	1		
6▸ 2	4	11	6▸1	5	6/21	3	1	2	
6▸ 2	4	23▸8	9	6	45	3			
10/5 ▸3	7	18	7/30	2	5	4▸3	1		
8▸ 3	5	27▸5	9	6	7	8/11	6	2	
3▸ 2	1	14/7 ▸6	8		12▸4	8			
12	13/23 ▸4	7	2	20	16▸7	9	24		
14▸ 5	6	3	14▸5	9	16	8▸1	7		
16▸ 7	9	14	23▸6	8	9	15/23 ▸7	8		
13▸ 8	5	17	31▸3	7	8	4	9		
	10▸2	8		14▸9	5				
	16▸7	9		8▸6	2				

Solution Puzzle 142

		14	16				13	42	
	13/39 ▸6	7			4▸1	3			
	23/8 ▸6	8	9	15	20	15▸7	8		
5▸ 1	4	15/11 ▸7	8	14▸5	9	30			
8▸ 3	5	22/35 ▸9	8	5	17	14▸6	8		
16▸ 4	7	3	2	16▸7	9	10/28 ▸4	6		
17▸ 8	9	6	16	28▸8	4	7	9		
23▸ 9	5	2	7	11	15/16 ▸3	5	7		
29	39/42 ▸8	4	9	5	7	6	25		
21▸ 8	9	4	17	30▸6	9	8	7		
28▸ 9	5	6	8	10	3/13 ▸2	1	23		
8▸ 5	3	12▸9	3	29/16 ▸7	5	8	9		
15▸ 7	8	23	20▸5	9	6	8▸2	6		
15▸ 6	9	9▸2	7	15	12/4 ▸4	8			
12▸ 4	8	11▸7	1	3					
13▸ 7	6	11▸8	3						

Solution Puzzle 143

		23	19		7	16		44	17
7▸ 1	6	9▸2	7	11	16▸7	9			
14▸ 6	8	21▸5	9	7	14/4 ▸6	8			
9/16 ▸4	5	15	15/7 ▸4	3	8				
9▸ 7	2	7/23 ▸6	1	10▸1	9	16			
16▸ 9	7	17/27 ▸6	9	2	15	3▸2	1		
20▸ 3	9	8	11▸4	7	9/27 ▸3	6			
14/44 ▸5	9	28▸8	6	5	9				
9/22 ▸3	6	14	9/24 ▸5	4					
26▸ 6	8	7	5	24	16▸7	9	30		
12▸ 7	5	17▸9	8	24/8 ▸8	7	9	17		
16▸ 9	7	17	19▸7	3	9	17▸8	9		
10▸ 2	8	14/12 ▸9	5	9/11 ▸1	8				
22/7 ▸6	9	7	17	11	12▸8	4			
5▸ 1	4	18▸5	9	4	3▸1	2			
15▸ 6	9	15▸8	7	8▸2	6				

Solution Puzzle 144

		7	6		19	16		
	10/39 ▸6	4	4	12▸5	7	25		
10/12 ▸4	1	2	3	22/12 ▸8	9	5	23	
15▸ 7	8	7▸1	2	4	10▸4	6		
14▸ 5	9	32	3/13 ▸1	2	16▸7	9		
8/3 ▸3	5	15/14 ▸9	6	7	17▸9	8		
33▸ 2	6	8	9	4	3	1	17	
19▸ 1	7	6	5	8▸6	2	40		
6▸ 2	4	14	10/4 ▸3	7	5			
17▸ 9	8	22	18/16 ▸3	6	8	1		
23	28	35▸6	3	7	1	5	9	4
10▸ 6	4	17/12 ▸8	9	6▸1	5	11		
16▸ 9	7	12▸5	7	8	4▸1	3		
17▸ 8	9	11/17 ▸2	4	5	4	14/3 ▸6	8	
21▸ 8	9	4	10▸3	1	2	4		
9▸ 8	1	4▸3	1					

Solution Puzzle 145

	4	31				14	16			
3	1	2			14	5	9	19	17	
7	3	4	17	16		28	9	7	4	8
	23	6	8	9	16		9	17/7	8	9
	28/9	8	9	7	4	19/9	8	4	7	
4	1	3		13	3	7	1	2	3	8
13	6	7		3/16	1	2	8	1	2	5
3	2	1	9	7	2	32	13	4	1	3
	7	4	22	9	6	3	4		28	8
6	5	1	23		16/10	7	9	3	1	2
13	2	3	8	15/11	6	9		12	7	5
	28/16	9	7	4	8	16	5/10	4	1	
	17/13	7	6	4	20	5	7	2	6	
15	9	6	11	4		20	9	8	3	4
10	4	3	2	1				6	5	1
		12	9	3				5	2	3

Solution Puzzle 146

		24	11					17	45	
	15/17	8	7	32			12	8	4	4
27	8	9	4	6	17	14	20/10	9	8	3
16	9	7	22	2	8	9	3	4/17	3	1
		39/17	4	9	5	7	8	6		
	16	9	7			11	2	9		
8	13/45	8	5	24	11	4	3	1		
4	3	1	22	8	9	5	9	4	5	5
14	5	9	10	11	7	4	30	9	7	2
	8	5	3	17	8	2	7	5/8	2	3
	4	3	1			16	9	7		
	6	4	2	14	17	4/16	3	1		
	36/17	6	4	8	9	7	2		24	11
10	8	2	28/15	6	8	9	5	17/17	8	9
22	9	7	6			23	4	8	9	2
	17	8	9				16	9	7	

Solution Puzzle 147

		42	15			17	13	8		
	15	9	6	6	21/28	9	7	5	22	
	44/4	5	9	4	7	8	6	3	2	11
11	3	8	10	2	8	4		3	1	2
5	1	4	16	3	2	1		11	6	5
	9/8	2	7	9/9	6	3	15	12/20	8	4
31	5	6	9	7	4	22	8	9	5	
4	3	1	3/19	2	1	10	7	3	44	
	12	7	5	8		23	14/5	8	6	6
	15/17	8	7	10	8	2	6/8	2	4	
	9/6	2	6	1	17/8	4	3	1	7	2
9	3	6		11	6	5	16	7	9	4
4	1	3		5	2	3	10	11	8	3
3	2	1	8	17	5/14	2	3	6/4	5	1
	36	5	2	8	6	1	7	3	4	
		23	6	9	8		4	1	3	

Solution Puzzle 148

		35	20		16	11			39	23
	8	5	3	12	7	5	15	13	5	8
	12	4	8	23/9	9	6	8	16/26	7	9
	22/3	8	9	5	16	23/11	7	8	2	6
9	2	7	14	4	7	3	3	2	1	
3	1	2	5	17	9	8	11/23	7	4	
	13	9	4	19		22/16	5	9	8	9
	16	6/37	1	5	17/3	9	8	17	9	8
9	7	2	18	4	1	7	6	4/4	3	1
13	9	4	11/12	9	2	7	4	3	26	
	10	5	4	1	13	3	8	1	7	4
	7	6	1	6	5	1	3	6	5	1
	3/8	1	2	11/12	8	2	1	4/7	1	3
18	2	7	5	4	5	14/15	2	4	8	
14	5	9	21	8	4	9	3	1	2	
4	1	3		7	1	6	5	2	3	

Solution Puzzle 149

	6	22					6	26	
12 ▸	4	8				4/8 ▸	1	3	3
11 ▸	2	9	14		14	16/22 ▸	2	5	8	1
	13 ▸	5	8	21/11 ▸	8	7	6	11/27 ▸	9	2
		24 ▸	5	9	6	4	13/17 ▸	7	6
	16 ▸	3/28	1	2	18/11 ▸	6	9	3
16 ▸	7	9	28/11 ▸	6	5	8	9	28
7 ▸	3	4	3 ▸	2	1	19	13/16 ▸	8	5	7
14 ▸	6	8	28/23 ▸	9	4	8	7	10 ▸	8	2
	12 ▸	7	5	5 ▸	15/12 ▸	6	9	7 ▸	6	1
	11 ▸	3	2	1	5	13	13/16 ▸	9	4
	14/13	7	3	4	14/4 ▸	6	8
	13/11	5	8	15/8 ▸	5	1	7	2	16
4 ▸	3	1	6/17 ▸	1	2	3	15 ▸	6	9	6
27 ▸	8	3	9	7			3 ▸	1	2
	12 ▸	4	8				10 ▸	6	4

Solution Puzzle 150

	15	21		8	4			44	6
9 ▸	2	7	3/10 ▸	2	1		7/13 ▸	3	4
17 ▸	1	5	2	6	3	11 ▸	5	4	2
21/5	4	9	8		16	17/14 ▸	8	9	16
5 ▸	2	3	24	13/9 ▸	7	6	13 ▸	6	7
15 ▸	3	5	7	20/17 ▸	3	9	8	17/6 ▸	8	9
	21 ▸	8	7	6	15	3/26 ▸	1	2	10
13	14/44 ▸	9	5	33/14 ▸	9	4	5	7	8
15 ▸	9	6	26/11 ▸	3	8	6	9	7/23 ▸	5	2
27 ▸	4	8	7	2	6	17/12 ▸	8	9	
	6/15	2	4	15	20/14 ▸	7	5	8	31	4
12 ▸	8	4	22 ▸	8	9	5	18 ▸	6	9	3
16 ▸	7	9	12/12 ▸	7	5		5 ▸	6/22 ▸	5	1
	7/13	3	4		9	16/10 ▸	2	8	6
17 ▸	4	5	8	15 ▸	2	1	3	5	4
16 ▸	9	7		16 ▸	7	9	16 ▸	9	7